Band 20 · Juni 1984

6

isotopenpraxis

AKADEMIE-VERLAG

ISSN 0021–1915 Isotopenpraxis, Berlin 20 (1984) 6, 201–240

EVP 9,– M

An unsere Autoren

Die Zeitschrift veröffentlicht Beiträge zu folgenden Themen: Kontrolle und Analyse radioaktiver und stabiler Isotope, Anwendung radioaktiver und stabiler Isotope in allen Gebieten der Forschung und Technik, der Industrie, Landwirtschaft und Medizin, Herstellung radioaktiver und stabiler Isotope sowie von markierten Verbindungen, kernelektronische Geräte für die Isotopenanwendung (Dickenmesser, Dichtemesser u. ä.) Detektoren für isotopentechnische Arbeiten und den Strahlenschutz in Isotopenlaboratorien, Meßtechnik und Strahlenschutz, Dosimetrie in Isotopenlaboratorien, kerntechnische Geräte für die Isotopenanwendung (Beton, Bestrahlungsanlagen u. ä.), Strahlenchemie, Radiochemie, ökonomische und perspektivische Fragen, Fragen der Weiterbildung.

1. Aufnahme von Manuskripten

Zur Veröffentlichung angenommen werden nur druckreife, noch nicht anderweitig publizierte Beiträge in deutscher, englischer oder russischer Sprache zum Themenbereich der Zeitschrift und zwar

Originalarbeiten
Kurze Mitteilungen
Aus der Praxis
Zusammenfassende Berichte
Tagungsberichte
Informationen.

Sind der Beitrag oder Teile daraus bereits veröffentlicht oder ist eine anderweitige Veröffentlichung vorgesehen, so muß dies der Redaktion mit genauer Angabe der Zweitveröffentlichung mitgeteilt werden. Mit der Annahme des Manuskriptes behält sich der Verlag das Recht der Vervielfältigung, Verbreitung und Übersetzung innerhalb der gesetzlichen Schutzfrist vor. Auszugsweiser Nachdruck oder photomechanische u. a. Wiedergabe sind an eine schriftliche Genehmigung des Verlages gebunden. Manuskripte, Zeichnungen und Photos von veröffentlichten Arbeiten werden nur auf den besonderen und bis zum Zeitpunkt der Veröffentlichung mitgeteilten Wunsch des Autors zurückgesandt.
Bei der unverlangten Einreichung von Manuskripten wird empfohlen, eine Befürwortung eines der Herausgeber oder Redaktionsausschußmitglieder beizufügen.
Manuskripte sind einzureichen bei der Redaktion, 1086 Berlin, Leipziger Str. 3–4.

2. Form der Manuskripte

Die Autoren werden gebeten:
2 Manuskripte, eines davon in Original-Maschinenschrift, einseitig und mit 2zeiligem Abstand einzureichen; gut leserliche Photokopien sind zulässig; auf dem 1. Blatt (unter Weglassung der Bezeichnung)
den Titel der Arbeit
Vorname-Initialen und Namen sämtlicher Autoren
gegebenenfalls die Institution, in der sie tätig sind
eine kurze Zusammenfassung der Arbeit von höchstens 15 Zeilen
Keywords in alphabetischer Reihenfolge und
als Fußnote die Anschrift der Institution anzugeben;
wenn möglich, auf gesonderten Blättern Namen, Titel der Arbeit und Zusammenfassung in den beiden anderen obengenannten Sprachen 2fach beizufügen;
Literaturhinweise (fortlaufend numeriert), Fußnoten, Tabellen, Abbildungen (in 2–3facher Veröffentlichungsgröße), Abbildungsunterschriften (getrennt von den Abbildungen mit Zeichenerklärungen, Quellenangaben, falls erforderlich, und gegebenenfalls mit einem Vermerk für besondere Wünsche bezüglich der Abbildungsgröße), private und Dienstanschrift der Verfasser mit akademischen Titeln und ausgeschriebenen Vornamen auf besonderen Blättern ans Ende des Manuskriptes zu stellen;

Wünsche für den Kolumnentitel (Seitenüberschrift) bekanntzugeben;
Absätze durch Einzüge von mindestens 3 Anschlägen kenntlich zu machen; die Maßeinheiten des SI-Systems („Systeme International") zu verwenden; Korrekturen im Manuskript unmittelbar an der zu korrigierenden Stelle anzubringen;

Formeln deutlich lesbar und möglichst groß einzutragen;
Farbabbildungen und nachträgliche Änderungen oder Ergänzungen in Abbildungen zu vermeiden;

hervorzuhebende Textstellen zu unterstreichen, und zwar halbfetten Satz mit einer geraden schwarzen Linie, kursiven Satz (Schrägschrift) mit einer blauen Wellenlinie (alle Eigennamen). Sperrungen gestrichelt;
besondere Buchstaben durch farbige Unterstreichung zu kennzeichnen, und zwar Formelzeichen in

Griechisch-Kursiv (α, β, ...) rot,
Kursiv (A, B, ...) blau
halbfetter Kursiv ($\boldsymbol{A}$, $\boldsymbol{B}$, ...) 2 Linien blau (Vektoren),
halbfetter Grotesk (**A**, **B**, ...) 2 Linien violett (Tensoren);

bei Literaturangaben auf Vollständigkeit zu achten. In nachstehender Reihenfolge müssen angegeben sein:

a) bei *Zeitschriften*: Vorname-Initialen und Namen sämtlicher Autoren, Titel der Zeitschrift (nach „Periodica Chimica" oder möglichst wenig gekürzt), Bandnummer (unterstrichen), Jahreszahl (in Klammern), Heftnummer (nur bei Zeitschriften, die jedes Heft mit S. 1 beginnen) sowie die Seitenzahl, auf der die zitierte Arbeit beginnt.

b) bei *Büchern*: Initialen der Vornamen und Name des Autors (Herausgeber werden durch den Zusatz „ed." gekennzeichnet), voll ausgeschriebener Titel des Buches in der Originalsprache, evtl. Bandnummer, voll ausgeschriebener Name des Verlages, Nummer der Auflage (außer der ersten), Erscheinungsort(e), Erscheinungsjahr (hier nicht in Klammern setzen!) und evtl. Kapitelnummer, Seitenzahl u. ä.

c) bei *Sammelbänden*, *Tagungsberichten*: Es soll zusätzlich der Titel des zitierten Beitrags angegeben werden. Die Seitenzahl muß unbedingt angegeben werden. Aus dem Zitat muß hervorgehen, ob es sich um einen Tagungssammelband oder um einen noch nicht veröffentlichten Vortrag handelt. Zwischen Tagungsort und Erscheinungsort des entsprechenden Tagungsberichts ist zu unterscheiden.

3. Korrekturen

Der Autor erhält zwei Umbruchabzüge, von denen einer möglichst schnell korrigiert an die Redaktion zurückgereicht werden soll. Auf Wunsch des Autors kann die Korrektur auch von der Redaktion gelesen werden.

Durch nachträgliche Manuskriptänderungen verursachte Korrekturkosten gehen, sofern sie 10% der Satzkosten übersteigen, zu Lasten des Autors.

Der Autor erhält 50 Sonderdrucke kostenlos. Weitere Sonderdrucke können bis zur Rückgabe der Korrekturabzüge auf Kosten des Autors bei der Redaktion bestellt werden

Bezugsmöglichkeiten

Bestellungen sind zu richten

- **in der DDR** an den Postzeitungsvertrieb unter Angabe der Kundennummer des Bestellenden oder an den AKADEMIE-VERLAG, DDR-1086 Berlin, Leipziger Straße 3–4, PF-Nr. 1233;
- **im sozialistischen Ausland** an eine Buchhandlung für fremdsprachige Literatur oder an den zuständigen Postzeitungsvertrieb;
- **in der BRD und Berlin(West)** an eine Buchhandlung oder an die Auslieferungsstelle KUNST UND WISSEN, Erich Bieber OHG, Wilhelmstraße 4–6, D-7000 Stuttgart 1;
- **in den übrigen westeuropäischen Ländern** an eine Buchhandlung oder an die Auslieferungsstelle KUNST UND WISSEN, Erich Bieber GmbH, Dufourstraße 51, CH-8008 Zürich;
- **im übrigen Ausland** an den Internationalen Buch- und Zeitschriftenhandel; den Buchexport, Volkseigener Außenhandelsbetrieb der Deutschen Demokratischen Republik, DDR-7010 Leipzig, Postfach 160; oder an den AKADEMIE-VERLAG, DDR-1086 Berlin, Leipziger Straße 3–4.

Zeitschrift „Isotopenpraxis"

Herausgeber: Im Auftrag des Akademie-Verlages herausgegeben von Prof. Dr. Justus Mühlenpfordt
Verlag: Akademie-Verlag, DDR-1086 Berlin, Leipziger Straße 3–4, PF-Nr. 1233; Fernruf: 2236229; Telex-Nr.: 114420;
Bank: Staatsbank der DDR, Berlin, Kto.-Nr.: 6836-26-20712
Verantwortlich für den Inhalt des Heftes: Prof. Dr. H. Hübner, Leipzig
Anschrift der Redaktion (Fernruf Frau H. Schier: 6351177) der Zeitschrift Isotopenpraxis: Akademie-Verlag, DDR-1086 Berlin, Leipziger Str. 3–4, PF-Nr. 1233
Veröffentlicht unter der Lizenznummer 1527 des Presseamtes beim Vorsitzenden des Ministerrates der Deutschen Demokratischen Republik
Gesamtherstellung: VEB Druckerei „Thomas Müntzer", DDR-5820 Bad Langensalza
Erscheinungsweise: Die Zeitschrift „Isotopenpraxis" erscheint monatlich. Die 12 Hefte eines Jahrganges bilden einen Band. Bezugspreis je Band 216,— M zuzüglich Versandspesen Preis je Heft 18,—
Bestellnummer dieses Heftes: 1079/20/6

AN (EDV) 12831

Isotopenpraxis 20 (1984) 6, S. 201 – 204

Über die Herstellung von Rutheniumnitrosylnitratlösungen und die Extraktion der Ru-Komplexe mit neutralen phosphororganischen Verbindungen

B. Gorski, H.-U. Försterling

(Zentralinstitut für Isotopen- und Strahlenforschung der AdW der DDR)[1])

Es wird eine Methode zur Herstellung von Nitrosylnitratkomplexen des Rutheniums beschrieben. Dabei wird ausgehend vom $RuCl_3$ über Rutheniumtetroxid und dessen Umsetzung in Salpetersäure mit Stickoxiden die Nitrosylnitratlösung erhalten. Die Lösung wird mit ^{106}Ru markiert und spektralphotometrisch charakterisiert. Die Extraktionseigenschaften der Rutheniumkomplexe mit neutralen phosphororganischen Verbindungen werden im Vergleich zu anderen Spaltprodukten in Abhängigkeit von Säure- und Salzkonzentration der Lösung untersucht.

A method is described for the preparation of solutions of nitrosylnitrate complexes of ruthenium. Ruthenium chloride is transformed into ruthenium tetroxide which reacts with oxides of nitrogen in nitric acid to ruthenium nitrosylnitrate. The solution is labelled with ^{106}Ru and spectrophotometrically investigated. The extraction behavior of the ruthenium complexes with neutral organic phosphorous compounds is investigated in comparison with other fission products dependent on the acid and salt concentration of the solution.

Keywords

fission products; organic phosphorous compounds; ruthenium compounds; ruthenium nitrosyls; solvent extraction; technetium

1. Einleitung

Die Angaben zur natürlichen Häufigkeit von Ruthenium in der Erdkruste schwanken zwischen 10^{-3} und $5 \cdot 10^{-6}$ g/t [1]. Damit zählt das Metall zu den seltensten Elementen. In den Abfallösungen der Kernbrennstoffwiederaufarbeitung gehört es mit 0,7 – 29,4 g Ru/l zu den Makrobestandteilen. Bei der Kernspaltung entstehen eine Reihe stabiler Rutheniumisotope sowie 4 radioaktive Isotope, von denen zwei langlebig sind – ^{103}Ru ($T_{1/2}$ = 39,7 d) und ^{106}Ru ($T_{1/2}$ = 1,01 a). Der Anteil des inaktiven Rutheniums in den Kernbrennstofflösungen ist dabei um ein mehrfaches höher, als der Anteil der radioaktiven Isotope zusammen genommen. Die Chemie des Rutheniums in salpetersaurer Lösung ist außerordentlich komplex. Vorwiegend existieren in HNO_3 eine Vielzahl von verschiedenen Komplexen des Nitrosylrutheniums – Ru(III)NO – mit Nitrato-, Nitro-, Hydroxy- und Aquoliganden. Außerdem ist die Existenz von Verbindungen des Ru(IV) und von polymeren Rutheniumverbindungen möglich. Dies erklärt die schon frühzeitig erkannten Probleme im Purexprozeß durch Rutheniumkontaminationen in verschiedenen Verfahrensströmen [2].

Auch bei der Trennung von Spaltprodukten aus Abfalllösungen der Kernbrennstoffwiederaufarbeitung darf das Ruthenium als potentielle Störkomponente nicht außer acht gelassen werden. Beim Einsatz von phosphororganischen Verbindungen für die Spaltproduktextraktion erscheinen in der Literatur unterschiedliche Ergebnisse für die Rutheniumverteilung [3 – 5], die offensichtlich mit den voneinander abweichenden Herstellungsverfahren der Rutheniumlösungen bzw. dem Alter der Lösungen zusammenhängen. Deshalb sollten die von uns erhaltenen Ergebnisse der Spaltproduktextraktion mit Tri-n-butylphosphat (TBP) und Tri-n-octylphosphinoxid (TOPO) für Ruthenium unter Einsatz von definierten Rutheniumnitrosylnitratlösungen ergänzt werden.

Die Herstellung von nitrosylnitrathaltigen Rutheniumlösungen ist auf zwei prinzipiellen Wegen möglich:

1. Synthese von definierten Rutheniumnitrosylverbindungen, die in Salpetersäure gelöst werden,
2. Lösen von Rutheniumtetroxid in Salpetersäure und anschließendes Umsetzen mit Stickoxiden zur Nitrosylnitratlösung.

Für beide Methoden findet man die entsprechenden Angaben in der Literatur [2]. Die Rutheniumlösungen für die in der vorliegenden Arbeit dargestellten Untersuchungen wurden nach der zweiten Variante unter Einsatz einer im Vergleich zur Literatur modifizierten Methode hergestellt.

2. Experimentelles

2.1. *Herstellung der Rutheniumnitrosylnitratlösung*

Die Vorschrift zur Umsetzung des RuO_4 zur Nitrosylnitratlösung wurde einer Arbeit von *Pušlenkov* und Mitarb. [6] entnommen. Die von den Autoren vorgeschlagene Variante zur RuO_4-Destillation (Oxydation von Ruthenat zum Tetroxid mit Perjodsäure und Destillation aus einer schwefelsauren Lösung, die auf 5 Volumenteile H_2SO_4 ein Teil Wasser enthält) erwies sich hingegen als wenig vorteilhaft. Es gelang nur, Ausbeuten von maximal 63% zu erhalten. Deshalb erfolgte die Tetroxiddestillation in Anlehnung an die Methode von *Brandšteter* und *Vřešťál* [7].

1,5 g Rutheniummetall – durch Reduktion im Wasserstoffstrom bei 650 °C aus α-$RuCl_3$ erhalten – wird durch Glühen zum Dioxid oxydiert und in einer alkalischen Schmelze (10 g KOH) mit Na_2O_2 (10 g) zum Ruthenat umgesetzt [7]. Die abgekühlte Schmelze wird in 75 ml heißem Wasser gelöst.

[1]) Anschrift: 7050 Leipzig, Permoserstr. 15

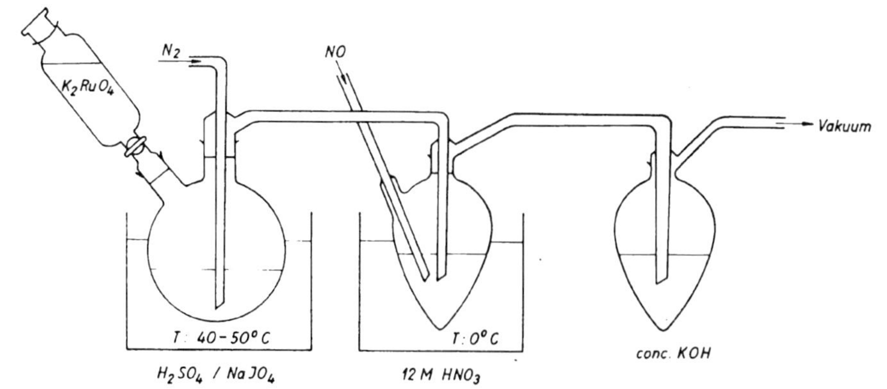

Abb. 1. Apparatur zu RuO_4-Destillation

Die Oxydation des Ru(VI) zum RuO_4 und die gleichzeitige Destillation des Tetroxids erfolgt in der in Abb. 1 dargestellten Apparatur, die absolut fettfrei sein muß. Der Destillationskolben wird mit 8 g Natriumperjodat und 80 ml 5 N Schwefelsäure beschickt und im Wasserbad auf 40—50 °C temperiert. Diese Temperatur wird bis kurz vor dem Destillationsende eingehalten, um die bei Temperaturerhöhung verstärkt erfolgende Zersetzung von Rutheniumtetroxid zum Dioxid [7] soweit als möglich zu verhindern. Die eisgekühlte erste Vorlage enthält 75 ml 12 M Salpetersäure. Sie wird vor Destillationsbeginn 30 min lang mit Stickstoffmonoxid gesättigt; während der Destillation wird das Einleiten von NO fortgesetzt.[2])

Das eventuell aus der ersten Vorlage entweichende RuO_4 wird in konzentrierter Kalilauge sorbiert.

Mit Beginn der Destillation wird die Apparatur evakuiert und gleichzeitig wird Stickstoff eingeleitet. Im Verlauf von zwei bis drei Stunden wird die Ruthenatlösung in den Destillationskolben getropft, wo sofortige Oxydation zum Tetroxid erfolgt. Die Zutropfgeschwindigkeit ist so zu regulieren, daß an der Eintropfstelle sich kurzzeitig bildendes Rutheniumdioxid [7, 9] nicht angereichert wird. Erst wenn kein RuO_4 im Stickstoffstrom mehr überdestilliert, wird die Wasserbadtemperatur langsam auf 80 °C erhöht. Das Ende der Destillation ist am Entfärben des Destillationssumpfes deutlich zu erkennen. In der Regel läßt es sich nicht vollständig vermeiden, daß festes Rutheniumtetroxid im in die eisgekühlte erste Vorlage hineinragenden Teil des RuO_4-Einleitungsrohres abgeschieden wird. Durch die Evakuierung der Apparatur wird dieser Effekt so gering als möglich gehalten. Trotzdem abgeschiedenes Tetroxid kann am Ende der Destillation mit einem verstärkten Stickstoffstrom in die erste Vorlage getrieben werden. Dabei setzt sich aber offensichtlich ein Teil des Rutheniumtetroxides zum Dioxid um [10].

Die Vorlage wird nach Beendigung der Destillation weiterhin eisgekühlt, und es wird über zwei Stunden NO eingeleitet. Durch anschließendes einstündiges Kochen der nitrosylrutheniumhaltigen Lösung am Rückfluß gelingt es, einen Teil des ausgefallenen schwarzen RuO_2 zu lösen. Der sich auch dann noch im Kolben befindliche Bodensatz wird bei Verlängerung der Reaktionszeit nicht mehr gelöst. Abschließend wird durch die wiederum eisgekühlte Vorlage nochmals eine Stunde NO geleitet.

Die NO-gesättigte Lösung wird 36 h im Kühlschrank zwischengelagert.

[2]) Stickstoffmonoxid wird im *Kippschen* Apparat aus Kupferspänen und halbkonzentrierter Salpetersäure entwickelt. Das Gas ist folglich verunreinigt mit N_2O und anderen Stickoxiden [8].

Nach Bestimmung des aktuellen Salpetersäuregehaltes wird die HNO_3-Konzentration der Lösung durch Zugabe konzentrierter Säure wieder auf 12 M eingestellt. Die Lösung wird sechs Stunden am Rückfluß gekocht, wobei man Stickstoff durchleitet. Nachfolgend kühlt man den Kolben schnell mit Eiswasser, danach wird die gewünschte Salpetersäurekonzentration (im vorliegenden Fall 8 M) der Nitrosylrutheniumlösung eingestellt. Die Lösung wird bis zur Einstellung der Gleichgewichtskonzentrationen der einzelnen Nitrosylnitratkomplexe mindestens einen Monat [2] unter Stickstoff im Dunkeln aufbewahrt. Nach dieser Vorschrift wurden Ausbeuten von 98% der eingesetzten Rutheniummenge realisiert.

Soll die RuNO(III)-Nitratlösung mit ^{106}Ru markiert werden, wird die HCl-haltige Tracerlösung zur Trockne eingeengt und in 5 M Schwefelsäure aufgenommen. Diese Lösung wird bis zum Erscheinen weißer Nebel erhitzt und danach im Destillationskolben vorgelegt.

Der Rutheniumgehalt der synthetisierten Lösung kann gravimetrisch durch Reduktion im Wasserstoffstrom zum Metall, durch Glühen zum Dioxid oder durch Ausfällung als Ruthenium-Thalliumsulfid ermittelt werden [11].

2.2. *Extraktionsversuche*

Die Verteilungskoeffizienten der betrachteten Elemente wurden unter Einsatz der Nuklide ^{99}Tc bzw. ^{99m}Tc, ^{103}Pd, ^{106}Ru, $^{152/154}$Eu bestimmt. Die Durchführung der Extraktionsversuche einschließlich der Herstellung der verwendeten Lösungen erfolgte wie in [5] beschrieben, wobei die Rutheniumextraktionslösungen nach ihrer Herstellung aus der Rutheniumstammlösung vor der Extraktion jeweils 16 h gealtert wurden.

3. Ergebnisse und Diskussion

Die Rutheniumnitrosylnitrate sind reaktiver als die entsprechenden Nitrokomplexe; sie bilden auch gemäß den verschiedenen Literaturangaben die Hauptmenge des bei der TBP-Extraktion im Wiederaufarbeitungszyklus mitgeschleppten Spaltrutheniums. Ru(IV)-Verbindungen existieren in salpetersauren Nitrosylrutheniumlösungen nur in Spurenmengen [2]. Es kann als sicher gelten, daß das Ruthenium in unseren Lösungen nur (bzw. nahezu nur) als Nitrosylnitratkomplexe vorlag. Durch das abschließende lange Kochen der Lösungen in 12 M Salpetersäure unter Inertgas ist eine vollständige Überführung der vorher gebildeten Nitrokomplexe in die Nitratokomplexe gewährleistet. Das anschließende schnelle Abkühlen der Rutheniumlösungen unterbindet außerdem die erneute Bildung von Nitriten durch in situ entstandene salpetrige Säure.

Weiterhin wurde die Zusammensetzung der Ru(III)NO-Lösung spektralphotometrisch kontrolliert. Abb. 2 zeigt das Spektrum der für die Extraktionsversuche verwendeten Lösungen. Der flache Absorptionspeak bei 480 nm geringer Extinktion ($\varepsilon = 74{,}5$ l · mol^{-1} cm^{-1}) sowie der kleine molare Extinktionskoeffizient ($\varepsilon = 84{,}6$ l mol^{-1} cm^{-1}) zwischen 330 und 350 nm schließt das Vorliegen von Nitrokomplexen und Ru(IV)-Verbindungen in der Probe aus [1, 12].

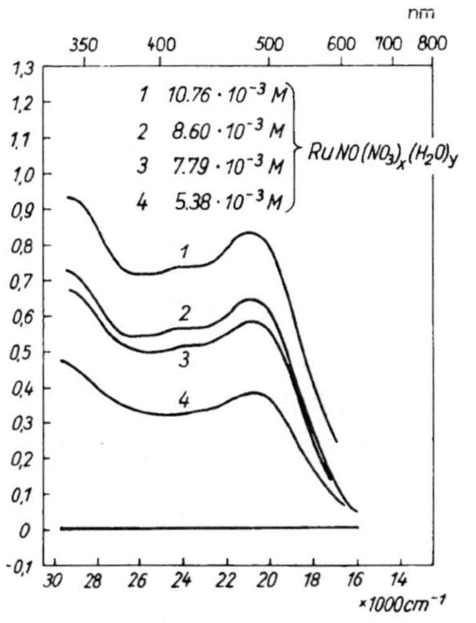

Abb. 2. Absorptionsspektren der Rutheniumnitrosylnitratlösungen in 8 M HNO_3 ($d = 0{,}998$ cm)

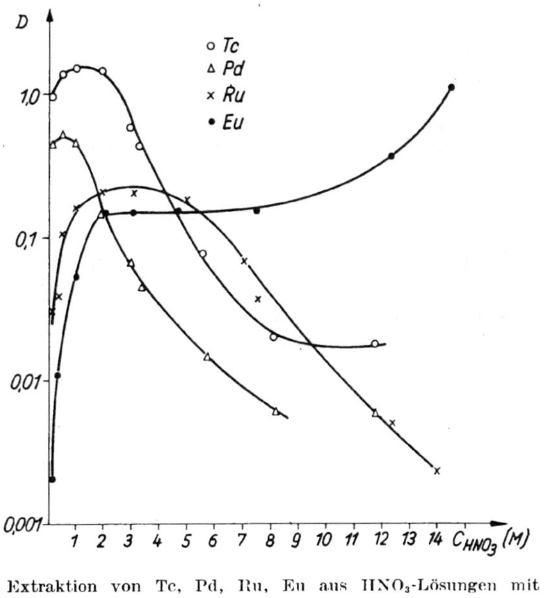

Abb. 3. Extraktion von Tc, Pd, Ru, Eu aus HNO_3-Lösungen mit 50 % TBP/Parex

Die Verteilung der Komplexe in TBP und TOPO wurde in Abhängigkeit von der Salpetersäurekonzentration und der Salzkonzentration im Vergleich zur Tc-, Pd- und Eu-Extraktion betrachtet. Außerdem wurde die Extraktionsisotherme ermittelt. Die in Abb. 3 dargestellte Salpetersäureabhängigkeit zeigt gute Übereinstimmung mit den von *Svantesson* [3] erhaltenen Ergebnissen; wobei festgestellt werden kann, daß die Extraktionseigenschaften des Rutheniums in den hier verwendeten Lösungen über lange Zeit (> 1 a) stabil bleiben. Da die Rutheniumnitrosylnitratkomplexe in Abhängigkeit von der Salpetersäurekonzentration in verschiedenen Formen vorliegen, wird der Verteilungskoeffizient bei kleinen Kontaktzeiten (≤ 1 min) von der Extrahierbarkeit der einzelnen Formen bestimmt [12]. Bei den hier gewählten Kontaktzeiten von 15 min erhält man einen summaren Verteilungskoeffizienten, der durch den aktuellen Gleichgewichtszustand zwischen den einzelnen Formen untereinander bestimmt wird. Die bei hohen HNO_3-Konzentrationen existierenden Tetra- und Trinitrate zeigen mit zunehmender Säurekonzentration stark abnehmende Verteilungskoeffizienten. Bei niedrigen HNO_3-Konzentrationen existieren vorrangig die wenig extrahierbaren Di- und Mononitrate, so daß die hier erhaltene Form der HNO_3-Abhängigkeit der Verteilungskoeffizienten mit stark ansteigender Tendenz zwischen 0,1 und 1,5 M HNO_3, abfallender Tendenz bei > 5 M HNO_3 und einem breiten Maximum dazwischen zustande kommt. Bei der Extraktion mit TOPO (Abb. 4) konnte von uns in Übereinstimmung mit anderen Autoren [13] ein solches Maximum allerdings nicht beobachtet werden.

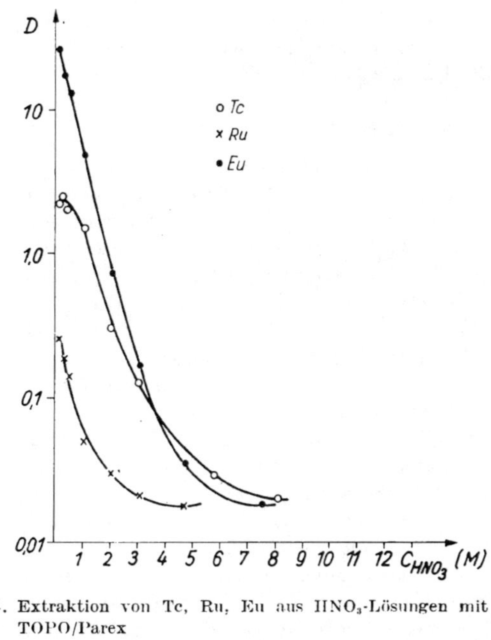

Abb. 4. Extraktion von Tc, Ru, Eu aus HNO_3-Lösungen mit 0,2 M TOPO/Parex

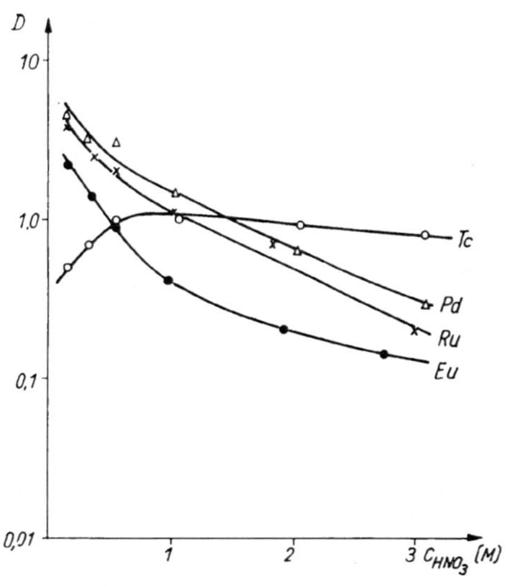

Abb. 5. Abhängigkeit der Verteilungskoeffizienten für Tc, Pd, Ru, Eu von der Säurekonzentration bei $\mu = 3{,}1$, 50 % TBP/Parex

Tab. 1. Rutheniumextraktion in Abhängigkeit von der Metallkonzentration (C_{TBP} = 50% (Parex), C_{HNO_3} = 3 M)

C_{Ru}, M	$1,99 \cdot 10^{-2}$	$8,97 \cdot 10^{-3}$	$1,79 \cdot 10^{-3}$	$8,97 \cdot 10^{-4}$	$3,59 \cdot 10^{-4}$
D_{Ru}	0,26	0,30	0,31	0,22	0,20

Unter den Bedingungen der relativ stabilen Extraktionsverhältnisse wurde bei einer Säurekonzentration von 3 M die Extraktionsisotherme bestimmt (Tab. 1), dabei zeigt es sich, daß im Bereich der Rutheniumkonzentration zwischen $3,6 \cdot 10^{-4}$ M bis $2 \cdot 10^{-2}$ M die Verteilungskoeffizienten konstant bleiben, d. h., wir befinden uns im linearen Teil der Isotherme, ohne eine Sättigung zu erreichen.

Entscheidenden Einfluß auf die Rutheniumextraktion hat die Salzkonzentration der wäßrigen Lösung. Es wurde deshalb die Extraktion bei konstanter Ionenstärke betrachtet (Abb. 5). Ruthenium zeigt dabei das gleiche Verhalten wie Palladium [15] und Europium im Gegensatz zu Technetium, dessen Extraktionsverhalten kaum vom Salzgehalt beeinflußt wird. Diese Abhängigkeiten lassen im Zusammenhang mit den Säureabhängigkeiten Ableitungen über die Extrahierbarkeiten der untersuchten Elemente innerhalb der betrachteten Konzentrationsverhältnisse zu.

4. Schlußfolgerungen

Entsprechend den erhaltenen Werten und auf Grund der in Tab. 2 zusammengestellten Extraktionsergebnisse für simulierte Purexabfallösungen läßt sich zusammenfassen, daß eine effektive Palladium- und Technetiumextraktion mit TBP nur bei kleinen Säurekonzentrationen (< 2 M HNO_3) möglich ist. Da aber mit dem Salzgehalt der Lösung die Extraktion der Lanthanide und Actinide sowie des Rutheniums stark ansteigt, sind unter Bedingungen, die für die Praxis interessant sind, Anreicherungsfaktoren für Technetium zum Ruthenium von maximal 5 zu erreichen; das gleiche gilt bezüglich Europium. Beim Einsatz anderer phosphororganischer Extraktionsmittel wie Phosphinoxide oder Phosphonate läßt sich keine prinzipielle Änderung erwarten, da sich insbesondere für letztere die Extraktionseigenschaften der Actinide und Lanthanide wesentlich verbessern [14]. Phosphinoxide weisen größere Unterschiede in der Extrahierbarkeit von Technetium und Ruthenium auf, lassen aber keine Trennung von den Actiniden erwarten. Die für Ruthenium erhaltenen Ergebnisse beziehen sich auf

Tab. 2. Extraktion von Spaltprodukten aus verdünnter Modellösung [5] mit 50% TBP/Parex ($C_{Pd} = 3,5 \cdot 10^{-3}$ M, $C_{Ru} = 5,4 \cdot 10^{-4}$ M)

C_{HNO_3}	$C_{NO_3^-}$	D_{Pd}	D_{Tc}	D_{Ru}	D_{Eu}
0,50	0,2	0,82	0,98	0,12	0,18
0,83	0.2	0,70	1,36	0,17	0,10
1,30	0,2	0,58	1,52	0,20	0,11
2,20	0,2	0,43	1,28	0,23	0,16
3,10	0,2	0,35	0,80	0,25	0,15

Nitrosylnitratkomplexe in Modellösungen. Ru(IV)-Verbindungen, die allerdings nur mit geringer Wahrscheinlichkeit in realen Lösungen enthalten sind, und Nitrokomplexe wurden hier nicht berücksichtigt.

Die Autoren danken Herrn *W. Heinig* für die Durchführung der Rutheniumanalysen.

Eingegangen am 24. 8. 1983

Literatur

[1] *G. G. Eichholz*, Progress in Nuclear Energy **2** (1978) 29
[2] *H.-U. Försterling*, ZfI-Mitteilungen, im Druck
[3] *I. Svantesson, I. Hagström, G. Persson, J. O. Liljenzin*, J. Inorg. Nucl. Chem. **41** (1979) 383
[4] *E. Hallaba, R. Azzam*, Z. phys. Chem. **237** (1968) 177
[5] *B. Gorski*, Isotopenpraxis **17** (1981) 416
[6] *M. F. Pušlenkov* u. a., RI-105, Radiuminstitut Leningrad 1980
[7] *J. Brandšteter, J. Vřešťál*, Coll. Czech. Chem. Comm. **31** (1966) 59
[8] *H. Lux*, Anorg. Chem. Experimentierkunst, 3. Aufl., Leipzig: J. A. Barth-Verl. 1970, S. 382
[9] *E. I. Wyatt, R. R. Rickard*, NAS-NS-3029 (1961)
[10] *M. A. El-Guelbeily* u. a., 3. Conf. Peaceful Uses At. Energy, Genf 1964, Session 2.6, P 823, S. 452
[11] *W. Heinig, H.-U. Försterling*, 3. Tagung Nukleare Analysenverfahren, Dresden 1983, Preprint-Bd., S. 293
[12] *J. M. Fletcher* u. a., J. Inorg. Nucl. Chem. **12** (1959) 154
[13] *N. M. Sinicyn, V. F. Travkin, A. A. Saiviji*, Radiochim. **14** (1972) 680
[14] *G. Gorski, L. Kuca*, J. Radioanal. Chem., im Druck
[15] *V. S. Schmidt, N. A. Schorochow* u. a., Radiochim. **25** (1983) 202

Isotopenpraxis **20** (1984) 6, S. 205 – 206

Radioaktive Umwandlung des Nuklids ^{99m}Tc im Kaliumhexafluorotechnetat

K.-P. Dostal, M. Nagel †, *A. Freyer*

(Zentralinstitut für Isotopen- und Strahlenforschung der Akademie der Wissenschaften der DDR)[1])

Es wird eine Darstellung des $^{99m+99g}TcF_6^{--}$-Komplexes beschrieben und diskutiert. Die Messung der Zerfallskonstante des ^{99m}Tc in diesem Komplex im Vergleich zum Pertechnetatkomplex ergab $\lambda(TcO_4^-) - \lambda(TcF_6^{--}) = (1{,}29 \pm 0{,}27) \cdot 10^{-3} \lambda$ (Fehler bzgl. 95% statistischer Sicherheit).

A way of producing the $^{99m+99g}TcF_6^{--}$ complex is described and discussed. Measurement of the ^{99m}Tc decay constant in this complex as compared with the pertechnetate complex yielded $\lambda(TcO_4^-) - \lambda(TcF_6^{--}) = (1{,}29 \pm 0.27) \cdot 10^{-3} \lambda$ (error related to statistical reliability of 95%).

Keywords

half-life; technetium 99; technetium complexes

1. Einleitung

Zu denjenigen Nukliden, deren Zerfallskonstante geringfügig mit dem chemischen Zustand variiert [1 – 5], gehört das 6h-Isomer ^{99m}Tc. In [6] ist eine Präzisionsbestimmung der Halbwertszeit des ^{99m}Tc im Pertechnetat-Ion publiziert, Untersuchungen zur ^{99m}Tc-Umwandlung im Hexachloro-, Hexabromo- und Hexajodotechnetat findet man in [7 – 10]. In Ergänzung dazu behandelt die vorliegende Arbeit den Hexafluorotechnetatkomplex.

2. Zur Darstellung von Kaliumhexafluorotechnetat

Die Darstellung des K_2TcF_6 ist erstmals 1963 von *Schwochau* und *Herr* beschrieben worden [11]. Danach entsteht K_2TcF_6 beim Schmelzen von Bromotechnetat mit KHF_2; genaue Angaben über Schmelztemperatur und Schmelzdauer fehlen. *Ossicini* erhielt nach diesem Verfahren keine wägbaren Mengen von K_2TcF_6 [12]; *Lavalle* et al. hingegen konnten die Untersuchungen [11] bestätigen, jedoch mit K_2TcCl_6 statt K_2TcBr_6 als Ausgangssubstanz [13].

Bei der Wahl von K_2TcBr_6 als Ausgangssubstanz scheinen für die Ligandensubstitution günstigere Bedingungen vorzuliegen als bei Verwendung des K_2TcCl_6:

Ligandenaustauschreaktionen an oktaedrischen Übergangsmetallkomplexen verlaufen über tetragonalpyramidale oder pentagonal-bipyramidale aktivierte Zwischenzustände, wobei als Aktivierungsenergie die Differenz der Ligandenfeldstabilisierungsenergien (LFSE) des aktivierten Komplexes und des Ausgangszustandes aufzuwenden ist. Der experimentelle Ligandenfeldstärkeparameter $\Delta = 10\,Dq$ und mithin die LFSE des Chlorokomplexes sind um ca. 30% größer als die entsprechenden Größen des Bromokomplexes [14]. Für eine Ligandenaustauschreaktion am Chlorokomplex ist demzufolge eine um einen Betrag dieser Größenordnung höhere Aktivierungsenergie aufzuwenden als für die gleiche Reaktion am Bromokomplex. Diese Argumentation wird durch den Vergleich der theoretischen MO-Schemata der beiden Komplexe gestützt: Die Energieniveaus des Chlorokomplexes liegen durchweg tiefer als die des Bromokomplexes [9].

Insofern folgt unsere Darstellung dem in [11] beschriebenen Verfahren; als günstigste Schmelztemperatur und Schmelzdauer ergaben sich 280 °C und 15 min. Zur Gewinnung handhabbarer Mengen mußte mit ^{99}Tc geträgert werden, andererseits war es wegen der niedrigen Halbwertszeit des ^{99m}Tc notwendig, die Synthese des $K_2^{99m+99g}TcF_6$ gegenüber [11] zu verkürzen:

Die erforderliche ^{99m}Tc-Aktivität wird einem handelsüblichen ^{99m}Tc-Generator entnommen, von Spuren des Mutternuklids ^{99}Mo gereinigt [15] und mit einer wäßrigen Lösung von 25 mg $NH_4{}^{99}TcO_4$ versetzt. Erwärmen mit etwas H_2O_2 und Ammoniaklösung stellt den 7wertigen Tc-Zustand sicher. Etwa ein Fünftel der Lösung dient, mit H_2O auf 3 ml aufgefüllt, für die Messung [8] als TcO_4^--Vergleichsprobe. Nach Eindampfen des übrigen Teils und Hinzufügen von 50 mg KBr erfolgt die Reduktion zu $K_2^{99m+99g}TcBr_6$ mittels einiger ml conc. HBr. Das entstandene, durch Eindampfen getrocknete K_2TcBr_6 wird mit 1 g KHF_2 vermischt. Beim Schmelzen dieser Mischung in einem elektrisch beheizten und von gereinigtem Stickstoff umspülten Platintiegel bildet sich K_2TcF_6. Um es von den anderen Bestandteilen des Schmelzkuchens zu trennen, ist letzterer zunächst im Mörser zu zerreiben und mit einigen ml H_2O kurz aufzukochen, wodurch nicht umgesetztes K_2TcBr_6 zu unlöslichem TcO_2 hydrolysiert. Nach dem Filtrieren der heißen Lösung läßt sich wegen der unterschiedlichen Löslichkeiten (für KHF_2, KF und K_2TcF_6 entsprechend 38, 92 bzw. 1,5 g/100 g Wasser [11]) der Fluorokomplex hinreichend gut durch fraktionierte Kristallisation (Meßproben 1 – 7) oder Zentrifugieren (Meßproben 8 – 12) anreichern. Als Meßprobe dienen ca. 3 ml der mit TcF_6^{--} angereicherten Lösung. Die gesamte Prozedur dauert nicht länger als drei Stunden.

3. Charakterisierung der Meßproben

In einer Reihe von Parallelversuchen wurden die erhaltenen Lösungen eingedampft und von den Rückständen IR-Spektren aufgenommen: Es zeigten sich im wesentlichen nur Banden des Kaliumhexafluorotechnetats [16] und des geschmolzenen Kaliumhydrogenfluorids. Die dünnschichtchromatographische Untersuchung (auf Silufol mit Aceton als Laufmittel) ergab einen R_F-Wert von 0,0, im Gegensatz zu den anderen Halogenokomplexen.

Der feste Komplex zeigte innerhalb von 40 Tagen keine Veränderung im IR-Spektrum. Die wäßrige Lösung erwies

[1]) Anschrift: 7050 Leipzig, Permoserstr. 15

sich ebenfalls als hinreichend stabil, wenn auch UV-spektrometrisch eine sehr langsame Oxydation erkennbar war (nach 48 h enthielt die Lösung maximal 2‰ Pertechnetat). Mittels UV-Spektrometrie lassen sich Verunreinigungen im K_2TcF_6 sehr gut nachweisen, weil insbesondere von $TcBr_6^{--}$ und TcO_4^- charakteristische Absorptionsbanden existieren, deren Extinktionskoeffizienten um einige hundertmal größer sind als die des TcF_6^{--}. Deswegen wurden alle TcF_6^{--}-Meßproben UV-spektrometrisch kontrolliert. Die Spektren hatten den in [17] bzw. [18] angegebenen Verlauf bis auf einen dort mitgeteilten Peak bei der Wellenzahl 46,3 kK, der trotz einer in unseren Spektren stets vorhandenen sehr starken Absorption oberhalb 48 kK (von KHF_2-Schmelzprodukten herrührend) hätte erkennbar sein müssen.

4. Messung der Zerfallskonstanten

Die relative Differenz $\Delta\lambda/\lambda = (\lambda_{TcO_4^-} - \lambda_{TcF_6^{--}})/\lambda$ der ^{99m}Tc-Zerfallskonstanten in den beiden Komplexen wurde mit dem Quotientenverfahren nach *Huber* et al. [19] ermittelt, Einzelheiten hierzu findet man in [8]. Im Gegensatz zu den in [6–9] beschriebenen Messungen, bei denen das Nuklid ^{99m}Tc nur schwach mit ^{99}Tc geträgert vorlag, liefert beim TcF_6^{--}-Komplex die vom Träger herrührende Bremsstrahlung einen zeitlich konstanten Störpegel, der den Raumuntergrund um ein mehrfaches übertrifft. Diese Störstrahlung wurde einige Tage nach Beendigung der Messung (nach dem Abklingen des ^{99m}Tc) für jede Probe einzeln ermittelt und in Rechnung gesetzt.

Die Meßergebnisse sind in Tab. 1 zusammengestellt. Dabei bedeuten die Angaben in den Spalten 2 und 3 die $\Delta\lambda/\lambda$-Werte in ‰ für die beiden voneinander unabhängigen Meßkanäle.

Tab. 1.

Probenpaar	System 1	System 2	Mittelwert
1	0,74	0,89	0,815
2	1,44	1,51	1,475
3	1,41	1,52	1,465
4	1,88	1,83	1,855
5	1,11	0,96	1,035
6	1,67	2,04	1,855
7	0,75	1,12	0,935
8	1,31	1,31	1,31
9	–	1,37	1,37
10	0,97	0,86	0,915
11	1,84	1,76	1,80
12	0,62	0,62	0,62

Während sich in beiden Meßkanälen für das gleiche Probenpaar jeweils 2 nur wenig voneinander abweichende Meßwerte ergaben, ist im Gegensatz hierzu und auch im Gegensatz zu den früheren Messungen an anderen Tc-Verbindungen [7, 8, 20] die Streuung der $\Delta\lambda/\lambda$-Werte für die an unterschiedlichen Tagen gemessenen Probenpaare deutlich größer. Dies läßt sich zum Teil auf die zufälligen Fehler bei der genannten Bremsstrahlungskorrektur zurückführen, offenbar bedingt aber auch die kompliziertere probenchemische Prozedur beim TcF_6^{--}-Komplex zusätzliche statistische Fehler (s. u.).

Das Endresultat errechnet sich (nach Mittelwertbildung in der letzten Spalte) zu

$$(\lambda_{TcO_4^-} - \lambda_{TcF_6^{--}})/\lambda_{TcO_4^-} = (1,29 \pm 0,27)\ ‰ \qquad (1)$$

mit einem Vertrauensbereich für 95% statistische Sicherheit.

Wie der Vergleich mit den anderen Hexahalogenotechnetat-Ionen zeigt [7], nimmt die Zerfallskonstante des ^{99m}Tc im TcF_6^{--} also den höchsten Wert an und fällt monoton bis zum TcJ_6^{--}. Dieser Verlauf ist qualitativ in folgender Weise verständlich: Entsprechend der spektrochemischen Reihe wächst vom Jod zum Fluor die Fähigkeit der Halogen-Liganden, Tc-4d-Elektronen zu delokalisieren ([21], vgl. auch [8]). Mit der Abnahme der 4d-Elektronendichte am Kernrand verringert sich auch deren Abschirmwirkung auf die 4p-Orbitale. Neben der dadurch bedingten 4p-Kontraktion wird nach [9] infolge der Symmetrieerniedrigung, die die Liganden am Tc-Atom bewirken, weitere p-Valenzladung stabilisiert. Wegen der hohen p-Empfindlichkeit der inneren Konversion [22] führen die genannten Sekundäreffekte bei abnehmender Valenz-d-Elektronendichte insgesamt zu einer Erhöhung des totalen Konversionskoeffizienten und damit zur Erhöhung der Zerfallskonstanten.

E. Hartmann berechnete mit dem Xα-SW-Verfahren u. a. die ^{99m}Tc-Umwandlung im TcF_6^{--}-Komplex und erhielt einen Wert von $(\lambda_{TcO_4^-} - \lambda_{TcF_6^{--}})/\lambda = 0,31$‰ [9]. Das Meßergebnis (1) stimmt damit qualitativ auch insoweit überein, als daß die Zerfallskonstante des ^{99m}Tc im TcF_6^{--} verglichen mit dem TcO_4^--Ion niedriger liegt. Die numerische Abweichung von (1) mit dem in [9] publizierten Resultat ist allerdings auffällig. Eine mögliche Ursache dafür könnte ein unvollständiger Ligandenaustausch bei der probenchemischen Prozedur sein. Verliefe der Ligandenaustausch von Fall zu Fall etwas unterschiedlich, ließen sich damit ebenso die erhöhten zufälligen Fehler erklären.

Wir danken Dr. *E. Hartmann* für zahlreiche nützliche Diskussionen und Hinweise sowie Dr. *O. Brede* und Dr. *K. Schmidt* für die Unterstützung bei der Aufnahme der UV- bzw. IR-Spektren.

Eingegangen am 16. 9. 1983

Literatur

[1] *G. T. Emery*, Ann. Rev. Nucl. Sci. **22** (1972) 165
[2] *H.-P. Hahn* et al., Radiochim. Acta **23** (1976) 23
[3] *K.-P. Dostal* et al., Z. Naturforsch. **32a** (1977) 345
[4] *K. B. Макарюнас*, Методика исследований радиоактивных превращений в химических соединениях. Инст. физики АН Литовской ССР, Вильнюс 1979
[5] *H. Daniel*, Atomic Energy Review **17** (1979) 287
[6] *K.-P. Dostal*, Isotopenpraxis **18** (1982) 201
[7] *K.-P. Dostal*, *B. Bayerl*, Z. Naturforsch. **35a** (1980) 894
[8] *M. Nagel* et al., Z. Naturforsch. **33a** (1978) 1050
[9] *E. Hartmann* et al., Z. Phys. **A 290** (1979) 349
[10] *K.-P. Dostal*, *E. Hartmann*, ZfI-Mitteilungen **25** (1979) 80
[11] *K. Schwochau*, *W. Herr*, Angew. Chemie **75** (1963) 95
[12] *L. Ossicini*, La Ricerca Scientifica **39** (1969) 543
[13] *D. E. Lavalle* et al., ORNL-P-491 (1963)
[14] *H.-J. Schenk*, *K. Schwochau*, Z. Naturforsch. **28a** (1973) 89
[15] *K.-P. Dostal*, *H. Kupsch*, Isotopenpraxis **16** (1980) 65
[16] *W. Krasser*, JUEL-628-CA (1969)
[17] *K. Schwochau*, Angew. Chemie **76** (1964) 9
[18] *Chr. Jorgensen*, *K. Schwochau*, Z. Naturforsch. **20a** (1965) 65
[19] *S. Gagneux* et al., Helv. Phys. Acta **43** (1970) 39
[20] *B. Johannsen* et al., Radiochem. Radioanal. Lett. **47** (1981) 57
[21] *R. L. Mößbauer*, Angew. Chemie **83** (1971) 524
[22] *D. Hinneburg* et al., Z. Phys. **A 299** (1981) 201

Isotopenpraxis **20** (1984) 6, S. 207 – 210

Bestimmung von Verteilungskoeffizienten in Indium mittels radioaktiver Nuklide

L. Kuchař, J. Drápala, J. Branžovský

(Bergakademie Ostrava)[1]

Die Solidus- und Liquidusgleichungen von Mg, Zn, Ga, Cd, Sn, Te, Hg, Pt, Pb, Bi in Indium wurden berechnete, die Gleichgewichtsverteilungskoeffizienten für diese Beimengungen bestimmt und für weitere 4 Elemente vorhergesagt. Daraus konnte eine periodische Korrelation der Gleichgewichtsverteilungskoeffizienten von Beimengungen in Indium zusammengestellt werden. Experimentell wurde die Verteilung des ^{110}Ag beim Zonenschmelzen von In untersucht und eine Makroverteilung entsprechend den theoretischen Erwartungen mit Anreicherung am Barrenende bestätigt.

Together with the calculation of the solidus and the liquidus equations of Mg, Zn, Ga, Cd, Sn, Te, Hg, Pt, Pb, and Bi in indium, the equilibrium distribution coefficients were determined for these admixtures and predicted for another four elements. This rendered possible the composition of a periodical correlation of equilibrium distribution coefficients of admixtures in indium. The ^{110}Ag distribution was experimentally studied with regard to zonal melting of indium. A macrodistribution with enrichment at the ingot end was found in accordance with theoretical expectations.

Keywords

distribution functions; impurities; indium; silver 110; solid solutions; trace amounts; zone melting

Für die Herstellung von hochreinem Indium mit Kristallisationsmethoden ist es erforderlich, die Gleichgewichtsverteilungskoeffizienten der Beimengungen zu kennen. Diese Werte können aus einer mathematischen Analyse der Solidus- und Liquiduskurven im Reinststoff-Konzentrationsbereich entnommen werden [1 – 3].

Von den verschiedenen Autoren wurden bis jetzt 43 binäre Systeme Indium-Beimengung [4 – 8] untersucht. Die Systeme können nach der Löslichkeit der Beimengungselemente im Indium und nach dem Verlauf der Solidus- und Liquiduskurven in 4 Typen eingeteilt werden (Abb. 1). Daraus ergibt sich auch eine erste Schätzung der Werte des Gleichgewichtsverteilungskoeffizienten.

Für die Berechnung der Gleichungen für die Solidus- und Liquiduskurven sowie für deren thermodynamische Kontrolle wurden als Konstanten die Schmelztemperatur des Indiums $t_M = 156{,}4$ °C [10] und die latente Schmelzwärme $\Delta H_M = 3265$ J · mol^{-1} [11] benutzt. In Tab. 1 sind die berechneten Parameter der Solidus- und Liquidusgleichungen a_S, b_S, a_L, b_L für 10 Systeme und die Gültigkeitsbereiche zusammengestellt.

Mit Hilfe dieser Gleichungen wurden die Gleichgewichtsverteilungskoeffizienten $k_{0\,\mathrm{lim}}$ für 10 Elemente bestimmt und für weitere vorhergesagt. Die Resultate enthält Tab. 2, in die auch Literaturangaben von *Vigdorovitsch* [12] und *Kasatkina* [13] aufgenommen worden sind. Die aus diesen Werten abgeleitete periodische Abhängigkeit der Verteilungskoeffizienten von der Ordnungszahl ist in Abb. 2 dargestellt.

Es ist der charakteristische Kurvenverlauf mit Maxima in den durch Edelgase getrennten Perioden des PSE zu erkennen. Nach Angaben von *Grochowski* [14] besitzt das System In–Te peritektischen Charakter mit $k_0 > 1$, was sich nicht in die Periodizität einfügt. Aus diesem Grunde erscheint es erforderlich, das Verhalten von Te experimentell zu überprüfen.

Für einige binäre Systeme des Indiums, wie z. B. bei In–Ag, In–Cu, In–Na usw., wurden bisher keine Soliduskurven veröffentlicht.

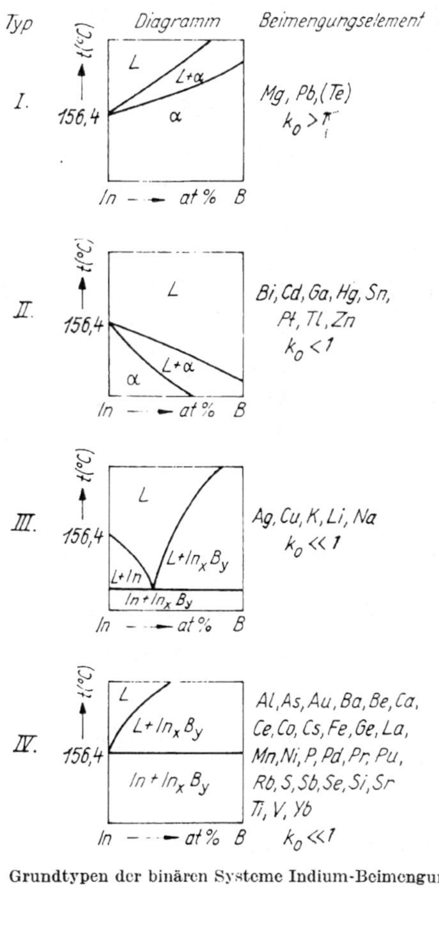

Abb. 1. Grundtypen der binären Systeme Indium-Beimengung

[1]) Anschrift: ČS-70833 Ostrava 8

Tab. 1. Parameter der Solidus- und Liquiduskurvengleichungen mit ihrem Temperaturgültigkeitsbereich.

$$t_S = a_S \cdot X_S^2 + b_S \cdot X_S + 156{,}4$$
$$t_L = a_L \cdot X_L^2 + b_L \cdot X_L + 156{,}4$$

System	a_S	b_S	a_L	b_L	Gültigkeitsbereich von 156,4 °C bis t, °C
In–Mg	−0,0922	1,1867	−0,1429	1,5857	160
In–Zn	0,7319	−7,7698	0,0380	−2,8701	143,5
In–Ga	2,4020	−28,3120	0,0512	−3,9571	80
In–Cd	0,0253	−2,3638	−0,0063	−1,5827	148
In–Sn	0,0433	−1,7733	0,0243	−1,2971	143
In–Te	19,8090	2,4006	49,8110	5,4053	160
In–Hg	−2,2875	−5,8715	−0,0700	−2,6404	108
In–Pt	3,2000	−6,4000	0,3232	−2,7232	154
In–Pb	−0,0032	0,2920	0,0017	0,3117	159
In–Bi	0,3694	−11,3871	−0,0264	−3,2563	72

t_S, t_L — Solidus- und Liquidustemperatur
X_S, X_L — Solidus- und Liquiduskonzentration

Tab. 2. Die Werte der Gleichgewichtsverteilungskoeffizienten von Beimengungen in Indium

Element	$k_{0\,\mathrm{lim}}$	k_0 [12]	k_0 [13]
3 Li	~ 0,06		
11 Na	~ 0,06		
12 Mg	1,33	> 1	
13 Al	< 0,1		
14 Si	< 0,1		
15 P	< 0,1		
16 S	< 0,1		
19 K	~ 0,05		
25 Mn	< 0,1		
26 Fe	< 0,1		
27 Co	< 0,1		
28 Ni	< 0,1		~ 0,01
29 Cu	~ 0,06		~ 0,08
30 Zn	0,37	~ 0,4	
31 Ga	0,14	~ 0,7	
32 Ge	< 0,1		
33 As	< 0,1		
47 Ag	~ 0,09		~ 0,06
48 Cd	0,67	0,72	
49 In	1,00	1,00	
50 Sn	0,73	< 1	
51 Sb	< 0,1		
52 Te	~ 2,2		
78 Pt	~ 0,43		
79 Au	< 0,1		
80 Hg	0,45	0,75	
81 Tl	~ 1	~ 1	
82 Pb	1,07	> 1	
83 Bi	0,29	0,6	

Das System In–Ag bildet nach Angaben von *Campbell* und *Wagemann* [15] ein Eutektikum mit $t_E = 144$ °C und der eutektischen Konzentration von ~ 3,2 at % Ag. Dazu wurde von den Autoren unter Benutzung der thermodynamischen Gleichung von *Hayes* und *Chipman* [9] eine hypothetische Soliduskurve berechnet, was zu einem theoretischen Wert des Verteilungskoeffizienten des Ag in In von $k_0 \cong 0{,}09$ führte. Dieses Ergebnis entspricht den Angaben von *Kasatkina* [13], die durch Extrapolation einen Gleichgewichtsverteilungskoeffizienten von $k_{0\,\mathrm{exp}} \cong 0{,}06$ ermittelt hat.

Um diese Daten zu überprüfen, wurden im Rahmen der vorliegenden Arbeit Zonenschmelzversuche an Indium mit radioaktivem Silber ^{110}Ag als Dotierelement durchgeführt [16]. Dazu erfolgten in einer induktiv beheizten Anlage 7 Zonendurchgänge unter folgenden experimentellen Bedingungen: Schiffchen aus Graphit mit einer Länge von 340 mm und einem Durchmesser von 20 mm, Zonenlänge 40 bis 50 mm, Geschwindigkeit der Zonenbewegung 1,1 mm/min, Vakuum ~ 1 Pa. Als Ausgangsmaterial diente Indium mit einer Reinheit von 99,9%, in das 70 ppm radioaktives ^{110}Ag in metallischer Form homogen einlegiert wurden. Die Messung des Konzentrationsprofils in den In-Barren erfolgte nach jedem Zonendurchgang mit einer Spaltmethode [17–19].

Die Ergebnisse sind in Abb. 3 für die Durchgänge 1, 2, 3 und 7 dargestellt.

Aus den Konzentrationsprofilen wurde nach der Methode von *Burris*, *Stockman* und *Dillon* [20] der effektive Verteilungskoeffizient des Ag in In als Mittelwert von 75 Messungen mit $k_{\mathrm{eff}} = 0{,}78$ bestimmt. Zur Berechnung von k_0 fand für die oben angeführten Bedingungen ein $\delta/D = 1000$ Verwendung.

Die effektiven Verteilungskoeffizienten von *Kasatkina* [13] sind gemeinsam mit unseren Werten in der Tab. 3 zusammengestellt.

Tab. 3. Experimentelle Werte der effektiven Verteilungskoeffizienten von Silber in Indium

Geschwindigkeit mm · min⁻¹	*Kasatkina* [13] Vertikale Einkristallzüchtung mit Rührung k_{eff} von Ag in In	Autoren Horizontales Zonenschmelzen ohne Rührung k_{eff} von ^{110}Ag in In
2,0	0,52	–
1,0	0,22	0,78
0,5	0,12	–
0,3	0,07	–
$k_{0\,\mathrm{eff}}$	extrapoliert ~ 0,06	berechnet ~ 0,09

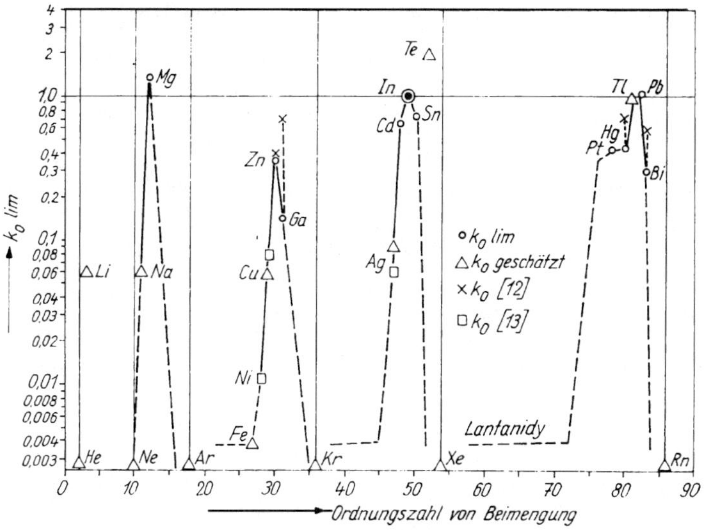

Abb. 2. Periodische Abhängigkeit der Gleichgewichtsverteilungskoeffizienten von Beimengungen in Indium von der Ordnungszahl des Beimengungselements

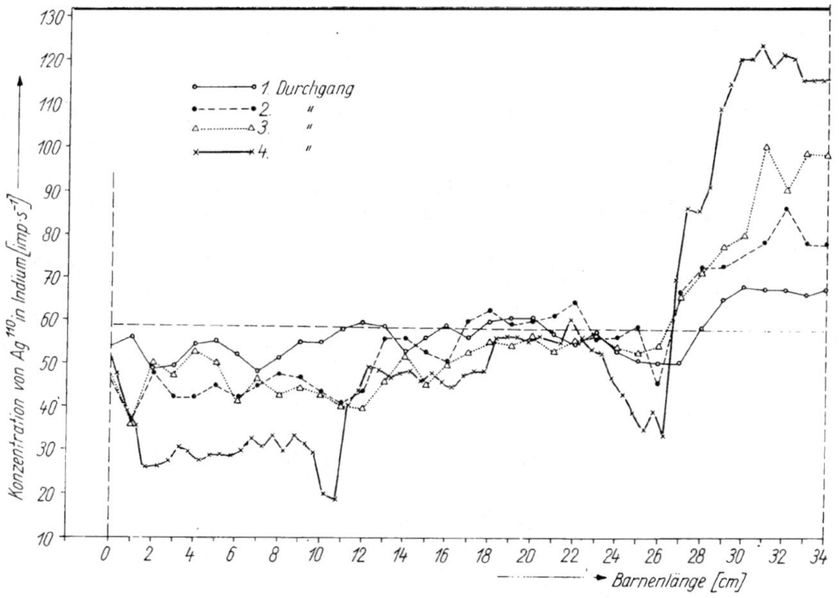

Abb. 3. Konzentrationsprofile von ^{110}Ag in Indium nachdem 1., 2., 3. und 7. Zonendurchgang
Korrektur oben links: Statt ×——× 4. Durchgang lies ×——× 7. Durchgang

Bei einem Vergleich der Ergebnisse muß beachtet werden, daß bei *Kasatkina* die günstigeren experimentellen Bedingungen vorlagen: Züchtung von In-Einkristallen nach *Czochralski* aus Graphittiegeln mit Geschwindigkeiten von 0,3–2 mm/min. Zur effektiven Abführung der Beimengungen von der Kristallisationsfront wurden Keimkristall und Tiegel gegenläufig gedreht.

Aus Abb. 3 geht deutlich hervor, daß beim Zonenschmelzen eine effektive Umverteilung des Silbers stattfindet, wobei sich ^{110}Ag entsprechend den theoretischen Erwartungen am Ende des Barrens anreichert.

Die benutzte Isotopenmethode zum Nachweis der Verteilung des Dotierelementes ^{110}Ag in Indium sowie die radiometrische Meßmethode [17] hat sich für die Ermittlung von Konzentrationsprofilen der radioaktiven Beimengungen beim Zonenschmelzen als gut geeignet erwiesen.

Schlußfolgerungen

- Es wurden die Solidus- und Liquidusgleichungen sowie die Gleichgewichtsverteilungskoeffizienten der Beimengungselemente Mg, Zn, Ga, Cd, Sn, Te, Hg, Pt, Pb, Bi in Indium berechnet (Tab. 1 und 2)
- Für die Abhängigkeit des Gleichgewichtsverteilungskoeffizienten der Beimengungen von der Ordnungszahl ergab sich eine periodische Korrelation (Abb. 2)
- In experimentellen Untersuchungen zum Verhalten von ^{110}Ag beim Zonenschmelzen von Indium konnte die theoretisch vorausgesagte Anreicherung am Barrenende bestätigt werden.

Eingegangen am 3. 8. 1983

Literatur

[1] *L. Kuchař, V. Podgrabiňská, B. Wozniaková*, Sborník věd. prací VŠB Ostrava **XVII** (1971) 3, 13

[2] *L. Kuchař, V. Špindlerová, B. Wozniaková*, Hutnické listy **XXV** (1970) 179

[3] *L. Kuchař, V. Špindlerová*, Sborník věd. prací VŠB Ostrava **XVI** (1970) 1, 61

[4] *M. Hansen, H. Anderko*, Constitution of Binary Alloys, New York: McGraw-Hill Book Company 1958

[5] *R. P. Elliott*, Constitution of Binary Alloys, New York: McGraw-Hill Book Company 1965

[6] *F. A. Shunk*, Constitution of Binary Alloys, New York: McGraw-Hill Book Company 1969

[7] *A. J. Vol, I. K. Kagan*, Strojenije i svosjtva dvojnych metalličeskich sistem, T. II, III. Moskau: Izd. Nauka 1962

[8] Diagrammy sostojanija metalličeskich sistem, Moskau

[9] *A. Hayes, J. Chipman*, Trans. AIME 153 (1939) 85

[10] *F. Pišek, L. Jeníček, P. Ryš*, Nauka o materiálu, T. 1, 3. sv., Prag 1973

[11] *I. Barin, O. Knacke, O. Kubaschewski*, Thermochemical Properties of Inorganic Substances, 1977

[12] *V. N. Vigdorovič*, Očistka metallov i poluprovodnikov kristallizacijej, Moskau: Izd. Metallurgija 1969, 181

[13] *N. A. Kasatkina* u. a., Izv. AN SSSR, OTN, Metallurgija i gornoje delo (1964) 78

[14] *E. G. Grochowski* u. a., J. Phys. Chem. Solids **25** (1964) 551

[15] *A. N. Campbell, R. Wagemann*, Can. J. Chem. **48** (1970) 1703

[16] *J. Branžovský, L. Kuchař*, Die Ermittlung der effektiven Verteilungskoeffizienten von Silber ^{110}Ag in Indium, Sborník věd. prací VŠB Ostrava, 1983, im Druck

[17] *L. Kuchař, P. Duži, B. Wozniaková*, Anwendung von Radioisotopen zum Studium der Verteilung einiger Beimengungen beim Zonenschmelzen von Metallen, Isotopenpraxis **12** (1976) 435

[18] *P. Kubíček, B. Wozniaková*, Sborník věd. prací VŠB Ostrava **XXVII** (1981) 1, 37

[19] *P. Kubiček, B. Wozniaková, J. Drápala*, Sborník věd. prací VŠB Ostrava **XXVII** (1981) 1, 47

[20] *L. Burris, C. H. Stockman, J. G. Dillon*, J. Metals (1955) 1917

[21] *J. A. Burton, R. C. Prim, W. P. Slichler*, J. Chem. Phys. **21** (1953) 1987

Isotopenpraxis **20** (1984) 6, S. 210 – 212

Beeinflussung der Szintillationseffektivität von Alpha- und Beta-Teilchen in Abhängigkeit vom Löscheffekt bei der Flüssigkeitszintillationsmessung*)

I. Schäfer

(Zentralinstitut für Kernforschung, Rossendorf)¹)

Die Flüssigszintillationstechnik ermöglicht die Messung und Spektrometrie von Alpha- und Beta-Teilchen. Von den verschiedenen Faktoren, die die Szintillationseffektivität bestimmen, wurde der Einfluß des Löscheffektes untersucht. Anhand von Versuchen und Berechnungen konnte gezeigt werden, daß die Änderung der Szintillationseffektivität infolge von Wechselwirkungen zwischen Probenlösungen und Szintillator durch die Auswahl der Szintillatormischung und vor allem der spezifischen Ionisation des ionisierenden Teilchens bestimmt wird.

Liquid scintillation techniques render possible measurement and spectrometry of alpha and beta particles. Among the various factors determining the scintillation efficiency, the impact of the quenching effect has been studied. Experiments and calculations were performed in order to show that the changes in scintillation efficiency caused by the interaction of test solutions and scintillator are determined by the choice of the scintillator mixture, above all by the specific ionization of the ionizing particle.

Keywords

alpha particles; alpha spectroscopy; beta particles; beta spectroscopy; energy transfer; liquid scintillators; scintillation counting; scintillation quenching

Einleitung

Die Szintillationseffektivität wird nach *Horrocks* [1] als Anteil der Energie der angeregten Teilchen definiert, der in Photonenenergie $n\,h\,f$ konvertiert wird, wobei n die Anzahl der Photonen und $h\,f$ die Photonenenergie ist. Die Szintillationseffektivität ergibt sich aus den Eigenschaften der Lösungsmittel, der Szintillatoren, der Meßprobe und der Art der ionisierenden Teilchen. Verschiedene ionisierende Teilchen, z.B. β-, α-Teilchen, Protonen usw. induzieren unterschiedliche Amplituden und Impulsformen pro Energieeinheit in gleichen Flüssigszintillationslösungen. Je höher die spezifische Ionisation der anregenden Teilchen ist, desto niedriger ist die Photonenausbeute pro Energieeinheit und damit die Szintillationseffektivität.

Durch Zugabe der Problemlösung zum reinen Szintillationscocktail kommt es infolge komplexer Wechselwirkungen aller vorliegenden Substanzen des Systems zur Reduzierung der Szintillationseffektivität S_x zu $f\,Q\,S_x$, wobei der Löschfaktor $f\,Q > 1$ ist.

Diese Wechselwirkungen wurden für α- und β-Teilchen untersucht.

Experimentelles

Die Arbeiten wurden mit einem Flüssigszintillationsspektrometer Beckman LS-233 in Verbindung mit einem Vielkanalspektrometer durchgeführt.

Die Szintillationslösungen waren:

- Toluenszintillator (4 g PPO, 0,05 g Dimethyl-POPOP, 2 g TOPO pro l Toluen)
- Dioxanszintillator (120 g Naphthalin, 4 g PPO, 0,05 g Dimethyl-POPOP, 2 g TOPO pro l Dioxan)
- Insta-Gel (Fa. Packard, 2 g TOPO pro l).

Der Einfluß fluoreszenzlöschender Moleküle wurde mit CCl_4-Lösung und Methylorange bestimmt.

Zur Untersuchung der Wechselwirkungen von β-Teilchen und zur Energiekalibrierung in β-Energieeinheiten dienten ^{113}Sn-^{113m}In-, ^{14}C- und ^{89}Sr-Standards, zur Untersuchung von α-Teilchen ^{239}Pu-Standard [2].

Die relative Impulshöhe, die die jeweilige Strahlung im Detektor erzeugt und auch ihre Änderung unter dem

*) Vortrag auf der 3. Tagung „Nukleare Analysenverfahren", Dresden 11.–15. 4. 1983

¹) Anschrift: 8051 Dresden, Postfach 19

Einfluß fluoreszenzlöschender Moleküle wird durch Energiekalibrierung in scheinbaren β-Energien ($E_{\beta s}$), relativ zum ungelöschten Szintillationssystem ($E_{\beta 0}$) berechnet (Abb. 1).

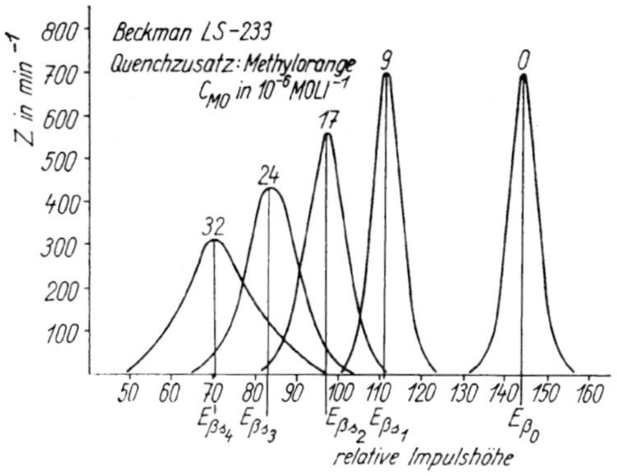

Abb. 1. Änderung der relativen Impulshöhe von Konversionselektronen im flüssigen Szintillator

Ergebnisse

Der Zusatz einer molaren Konzentration der Löschsubstanz (C_{MQ}) reduziert die der relativen Impulshöhe entsprechende Energie von $E_{\beta 0}$ (wenn $C_{MQ} = 0$) zu $E_{\beta s}$, wobei $E_{\beta s}$ durch die *Stern-Volmer*-Beziehung [3] gegeben ist:

$$\frac{E_{\beta 0}}{E_{\beta s}} = 1 + \frac{C_{MQ}}{(C_{MQ})_{0,5}}$$

dabei ist $(C_{MQ})_{0,5}$ die molare Löschsubstanzkonzentration bei $E_{\beta s} = 0,5 E_{\beta 0}$. Der lineare Verlauf von $\frac{E_{\beta 0}}{E_{\beta s}}$ in Abhängigkeit von der CCl_4-Konzentration für Konversionselektronen ($E = 369$ keV) des ^{113}Sn zeigt Abb. 2.

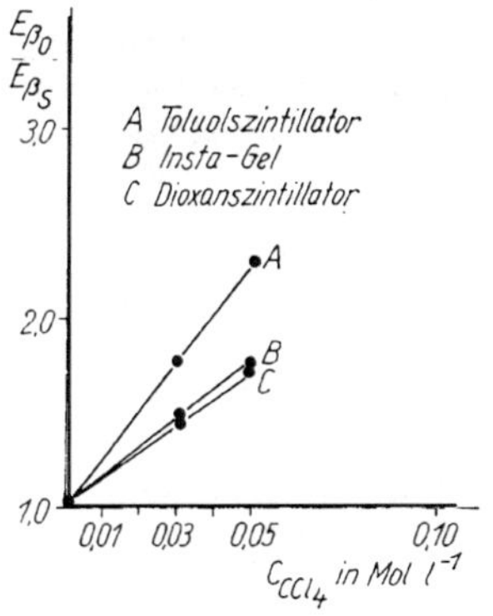

Abb. 2. Änderung von $\frac{E_{\beta 0}}{E_{\beta s}}$ in Abhängigkeit von C_{CCl_4} für 369-keV-Konversionselektronen

In Abb. 3 wurden die $\frac{E_{\beta 0}}{E_{\beta s}}$-Werte für Elektronen und α-Teilchen gegen die molare CCl_4-Konzentration und in Abb. 4 gegen die molare Methylorange-Konzentration für Dioxanszintillator aufgetragen. Die Halbwerte der molaren Löschmolekülkonzentration für Elektronen und α-Teilchen können graphisch ermittelt werden, sie sind in der Tab. 1 aufgeführt.

Die Halbwerte zeigen, daß Dioxanszintillator und Insta-Gel die gleiche Empfindlichkeit gegenüber Löscheinflüssen besitzen, während Toluenszintillator schon bei wesentlich geringerer Löschmolekülkonzentration den Halbwert er-

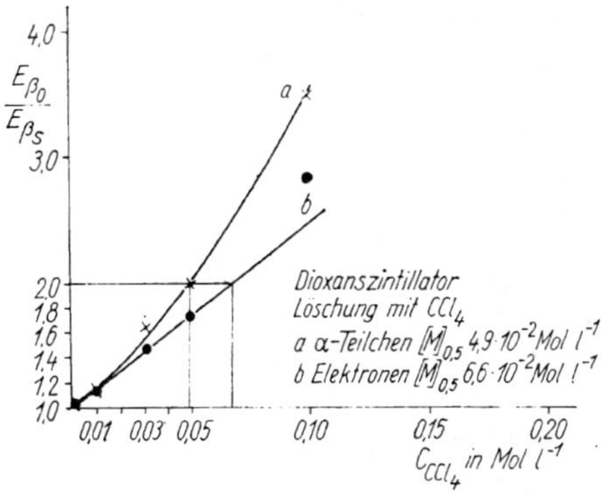

Abb. 3. Änderung von $\frac{E_{\beta 0}}{E_{\beta s}}$ in Abhängigkeit von C_{CCl_4} für 369-keV-Konversionselektronen und 5,15-MeV-α-Teilchen

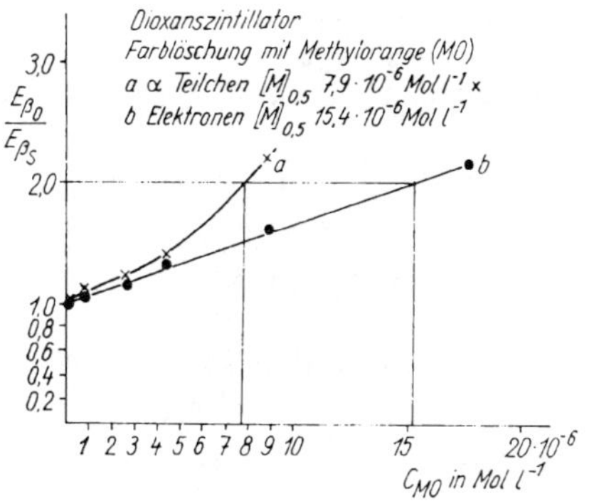

Abb. 4. Änderung von $\frac{E_{\beta 0}}{E_{\beta s}}$ in Abhängigkeit von C_{MO} für 369-keV-Konversionselektronen und 5,15-MeV-α-Teilchen in Dioxanszintillator

Tab. 1. Halbwerte der molaren Löschmolekülkonzentrationen

Szintillationsmischung	Elektronen $(C_{MQ})_{0,5}$ in Mol · l^{-1}	α-Teilchen $(C_{MQ})_{0,5}$ in Mol · l^{-1}
Dioxanzintillator (CCl_4)	$6,6 \cdot 10^{-2}$	$4,9 \cdot 10^{-2}$
Toluenzintillator (CCl_4)	$3,8 \cdot 10^{-2}$	$2,4 \cdot 10^{-2}$
Insta-Gel (CCl_4)	$6,9 \cdot 10^{-2}$	$4,9 \cdot 10^{-2}$
Dioxanszintillator (Methylorange)	$15,4 \cdot 10^{-6}$	$7,9 \cdot 10^{-6}$

reicht. *Birks* [5] fand für Elektronen im binären System für Löschung mit CCl_4 für Toluen + PPO einen Halbwert von $2,78 \cdot 10^{-2}$ Mol · l^{-1} und für Dioxan + PPO (+ Naphthalin) $3,25 \cdot 10^{-2}$ Mol · l^{-1}. Ein Vergleich dieser Werte mit der Tabelle läßt deutlich werden, daß ternäre Systeme auf Störungen des Energietransfer unempfindlicher reagieren als binäre.

Für α-Teilchen werden niedrigere Halbwerte der molaren Löschmolekülkonzentrationen als für Elektronen erhalten. Es sind schon bei geringer Konzentration der Löschsubstanzen nichtlineare Abhängigkeiten der $\frac{E_{\beta 0}}{E_{\beta s}}$-Werte zu sehen.

Die verminderte Szintillationseffektivität nach Löschung resultiert aus unerwünschtem Energietransfer [4]. Es müssen bei der Abbremsung der Alpha-Teilchen in der Szintillationslösung außer statischen auch dynamische Löschprozesse angenommen werden.

Bei Anwesenheit von Löschsubstanzmolekülen treten Konkurrenzreaktionen durch Komplexbildung der angeregten Moleküle mit dem Löscher auf und der Energietransfer zum Szintillatormolekül wird verhindert. Da dieser Effekt des unerwünschten Energietransfer durch Rekombination oder Komplexbildung bei geringem Abstand angeregter Moleküle zunimmt, verringert eine erhöhte Ionisationsdichte in der Szintillatorlösung den Energietransfer.

Bei der Untersuchung des Farblöscheffektes mit Metyhlorange ergeben sich die gleichen Abhängigkeiten der $\left(\frac{E_{\beta 0}}{E_{\beta s}}\right)_\beta$ -bzw. $\left(\frac{E_{\beta 0}}{E_{\beta s}}\right)_\alpha$ -Werte von der molaren Löschmolekülkonzentration wie bei der Untersuchung des chemischen Löschens mit CCl_4. Nach der Theorie des Farblöscheffektes ist aufgrund des *Beer-Lambert*schen Gesetzes die Absorption von Lichtquanten in der Lösung eine Funktion der Extinktion. Danach ist es gleichgültig, ob die Photonen durch Anregung von α- oder β-Teilchen entstanden sind. Die Ergebnisse in Abb. 3 und 4 zeigen jedoch, daß die *Stern-Volmer*-Beziehung im Bereich niedriger Farbmolekülkonzentrationen nur für Elektronen, nicht jedoch für α-Teilchen gilt. Das bedeutet, daß auch chemische Löschung einen Anteil an der Störung des Energietransfer hat. Die Bedeutung der Farblöschung mit Methylorange kommt jedoch im gemessenen Halbwert zum Ausdruck, der besagt, daß nur etwa 1/1000 der molaren Konzentration des Methylorange erforderlich ist, um den gleichen Löscheffekt wie mit CCl_4 zu erreichen. Die Ursachen dieses Phänomens konnten im Rahmen der Arbeit nicht geklärt werden.

Eingegangen am 24. 8. 1983

Literatur

[1] *D. L. Horrocks*, Liquid Scintillation Counting, Proceedings, Brighton (1973) 3

[2] *I. Schäfer*, Dissertation, TU Dresden (1981)

[3] *O. Stern, M. Volmer*, Phys. Zeitschr. **20** (1919) 186

[4] *E. Fenyves, O. Haiman*, Die physikalischen Grundlagen der Kernstrahlungsmessungen. Budapest 1965, S. 206

[5] *J. B. Birks*, LSC Proceedings, Brighton (1973) 1

Isotopenpraxis **20** (1984) 6, S. 212–216

Gegenüberstellung der Tiefenverteilung von Defekten und mittels Neutronenaktivierungsanalyse bestimmter Schwermetallverunreinigungen in Cz-Si nach Mehrstufenwärmebehandlung*)

S. Niese[1]), *J. Babanskaja*[2]), *F.-G. Kirscht*[2]), *K. Schmalz*[2])

([1]) Zentralinstitut für Kernforschung Rossendorf; [2]) Institut für Physik der Werkstoffbearbeitung)

In sauerstoffreichen Si-Scheiben wurden durch Variation von WB-Schritten unterschiedliche Defektprofile mit definierten Defektspektren im Scheibenvolumen realisiert und mit den jeweiligen Konzentrationsprofilen von Cu und Fe verglichen. Charakteristische Unterschiede im Aufnahmevermögen bzw. der Gettereffektivität spezifischer Defekttypen sind zu erkennen. Es konnte festgestellt werden, daß ein hoher Anteil von Sekundärdefekten für die Getterwirksamkeit entscheidend ist. Die elektrische Aktivität von Cu wird hierbei durch das vorliegende Defektprofil beeinflußt.

In oxygen rich silicon wafers profiles with defined defects in the volume are produced by different heat treatment procedures. They are compared with concentration profiles of Fe and Cu. Characteristic differences in gettering efficiency of the defect types are seen. A large content of secondary defects are due to gettering. The electrical activity of Cu is determined by defect profils.

Keywords

defects; depth distribution; gettering; heating; impurities; neutron activation analysis; spatial distribution; trace amounts

1. Einleitung

Bauelementeparameter können schon durch eine Konzentration an Rekombinationszentren von einigen 10^{12} cm^{-3} wesentlich verschlechtert werden. Diese Rekombinationszentren werden meistens durch Schwermetallverunreinigungen hervorgerufen.

In den letzten Jahren wird mit zunehmendem Erfolg für sauerstoffreiches Silicium die Getterwirkung von Volumendefekten hinsichtlich Schwermetallverunreinigungen ausgenutzt, um in bauelementeaktiven Gebieten die Rekombinationszentrenkonzentration zu reduzieren. Dieses Verfahren ist als Intrinsic-Getterung bekannt und beinhaltet eine mehrstufige Wärmebehandlung (WB), die zur Volumendefektausbildung führt [1, 2].

Die Zusammensetzung des Defektspektrums und die Dichte der sich im Volumen bildenden Defekte läßt sich durch die Fahrweise der WB beeinflussen [2]. Hinsichtlich der Gettereffektivität verschiedenartiger Defekttypen gibt es aber kontroverse Ansichten [1, 3].

In der vorliegenden Arbeit soll als Beitrag zur Untersuchung des Einflusses von mehrstufigen WB auf die Defektausbildung der Zusammenhang zwischen einem Defektprofil und dem Konzentrationsprofil der wesentlichsten Verunreinigungen Cu und Fe untersucht werden.

Das Tiefenprofil von Cu bzw. Fe wurde mittels NAA bestimmt, das der elektrisch aktiven Defekte mit Hilfe der

*) Vortrag auf der 3. Tagung „Nukleare Analysenverfahren", Dresden 11.–15. 4. 1983

Anschriften: [1]) DDR-8051 Dresden, PF 19; [2]) DDR-1166 Berlin, Seestr. 82

Tab. 1. Reihenfolge der WB-Stufen zur Erzeugung verschiedenartiger Volumendefektspektren

Serie 1:

Scheibe	WB I 1150 °C, O_2 + 2% HCl	WB II N_2	WB III 1100 °C, O_2
E 15	2 h		24 h
E 16	2 h	12 h 650 °C	24 h
E 18	2 h	12 h 800 °C	24 h
E 19	2 h	4 h 650 °C + 4 h 750 °C + 4 h 850 °C	24 h

Serie 2:

Scheibe	WB I 1150 °C, O_2	WB II N_2	WB III 1000 °C, O_2
E 21	2 h		24 h
E 23	2 h	12 h 650 °C	24 h
E 24	2 h	12 h 800 °C	24 h
E 25	2 h	4 h 650 °C + 4 h 750 °C + 4 h 850 °C	24 h

Kapazitätsspektroskopie (DLTS). Das Defektprofil wurde an Schrägschliffen mittels konventioneller Ätztechnik ermittelt; zur näheren Charakterisierung der vorliegenden Defekttypen wurde die Durchstrahlungselektronenmikroskopie (TEM) eingesetzt.

2. Experimentelles

2.1. *Wärmebehandlung*

Für die Untersuchungen wurden einseitig polierte (111)-Si-Scheiben verwendet, die aus einem sauerstoffreichen n-dotierten Cz-Si-Stück mit $[O_i]_0 \cong 8 \cdot 10^{17}$ cm^{-3} geschnitten wurden. Die WB wurde in den Stufen WBI + WBII + WBIII durchgeführt (Tab. 1).

Die Scheibe E 20 blieb unbehandelt und diente als Vergleichsmaterial. Danach wurden alle 7 Scheiben geviertelt und anschließend mittels NAA und hinsichtlich der ausgebildeten Defektstruktur untersucht.

Aus methodischen Gründen war ein Nachweis elektrisch aktiver Cu- bzw. Fe-Atome nur für p-Si möglich. Um Aussagen zum Tiefenprofil von elektrisch aktiven Defekten zu erhalten, wurden an derartigen Proben zusätzlich DLTS-Spektren nach sukzessivem Oberflächenabtrag gemessen.

2.2. *Neutronenaktivierungsanalytische Profilbestimmung*

Für ein Bestrahlungsexperiment wurden jeweils zwei Proben von unterschiedlichen Scheiben gemeinsam mit zwei Quarzscheiben in einer Laminarbox einer Kernreinigung unterzogen und anschließend mit den polierten Seiten gegeneinander zwischen die beiden Quarzscheiben gelegt, die dann mit Aluminiumdraht zu einem Paket verschnürt wurden. Dieses Paket war anschließend gemeinsam mit Cu- und Fe-Drahtstückchen (als Standards) in eine Quarzampulle einzuschmelzen. Dazu legten wir auf das Paket geknüllte Aluminiumfolie, um die Proben vor der beim Zuschmelzen der Ampulle entstehenden Wärmestrahlung zu schützen.

Die Proben wurden 120 h im Core des Rossendorfer Forschungsreaktors bei einer Neutronenflußdichte von $8 \cdot 10^{13}$ ncm^{-2} s^{-1} bestrahlt. Nach der Bestrahlung reinigten wir die Proben mit Königswasser und deckten die unpolierten Seiten der Proben mit Picein ab. Der Reihe nach wurden drei Schichten mit Gemischen aus 40%iger Fluß- und 65%iger Salpetersäure abgetragen. Wobei das Volumenverhältnis von Fluß- zu Salpetersäure nach jedem Abtrag erhöht wurde:

1. Schicht 2 min (1:10)
2. Schicht 2 min (1:5)
3. Schicht 5 min (2:5)

Lösen des Restes mit (1:1)

Den Ätzlösungen waren jeweils je 2 mg Cu- und Fe-Träger zugesetzt worden.

Die erhaltenen Lösungen wurden nach dem Eindampfen mit 9 N HCl aufgenommen und auf eine Anionenaustauschersäule (SBW) gegeben. Mit 9 N HCl wurden nicht absorbierbare Elemente eluiert.

Wir eluierten Cu mit 5 N HCl und Fe mit 1 N HCl wieder von der Säule. Aus den Fraktionen extrahierten wir substöchiometrisch mit Zinkdiäthyldithiocarbamat Cu und mit Cupferron Fe. Die Messung der auf Aluminiumschälchen eingedampften Extrakte erfolgte für ^{64}Cu mittels Gamma-Gamma-Koinzidenzspektrometrie und für ^{59}Fe mittels Beta-Gamma-Koinzidenzspektrometrie. Die Meßzeiten betrugen für ^{64}Cu 2 h und für ^{59}Fe 50 h.

Tab. 2 enthält die abgetragenen Schichtdicken. Es zeigt sich eine Abhängigkeit von der Probenvorbehandlung. Die mit *) gekennzeichneten Experimente zeigten extrem

Tab. 2. Abtragdicken unterschiedlich behandelter Scheiben

Probe	Abtragdicken in µm 1. Schicht	2. Schicht	3. Schicht
15 I	1,8	18	91
II	1,3	18	97
16 IV	0,5	24	84
III	0,8	21	81
18 I	0,9	17	90
II*)	0,007	3,6	70
19 II	0,5	17	83
III*)	0,02	4	63
21 I	0,7	13	86
III	0,8	13	84
23 I	0,7	13	89
II	0,7	13	84
24 II	0,5	5	74
III	0,7	10,7	70
25 I	1,4	29	119
II	0,7	22	100
20 I	10,3	21	101
II	6,3	26	101
III	5,4	27,6	90

Tab. 3. Mittlere Konzentrationen an Fe und Cu in den einzelnen Schichten in ng/g

Schicht Nr. Nr. Probe	Nr. Best.	1	2	3	4	G	1	2	3	4	G
		Fe					Cu				
15 I	7	550	72	14,8	11,4	43,1	20,6	11,5	0,71	1,35	1,74
II	4	3250	19	10,6	12	24,7	52	4,8	0,62	1,9	1,90
16 III	5	5560	24,5	25,8	5,8	22,7	400	6,5	3	1,5	2,89
IIIb	11	1000	—	—	6	—	85	3,0	1,3	2,2	2,15
18 I	5	12000	106	46,2	12	52,9	760	9,6	1,8	1,44	3,70
II	8	250000	100	9,3	4,6	9,7	4800	20	0,95	0,60	0,95
19 II	2	2800	21	12	8	13,0	88	1,9	1,04	0,85	0,88
III	8			12,7	5,3	8,6			1,06	1,00	1,27
21 I	3	3300	51	27	11	21,5	600	5,3	1,8	1,3	2,60
III	6	360	55	26	13	25,1	310	7,3	2,8	1,6	2,69
23 I	3	4800	145	16,5	9,4	23,9	360	3,0	0,48	1,4	1,91
II	9	940	27	16,0	8,7	12,5	55	1,8	1,16	1,64	1,66
24 II	9	1300	41	36,5	11,6	18,2	64	16	0,99	1,72	1,84
III	4	970	36	13	6,7	10,5	208	4,2	1,9	1,3	1,90
25 I	6	2700	47	21	7,9	19,7	340	4,2	3,9	3,5	4,87
II	1	2500	74	28	12	23,7	330	6,3	4,4	3,5	4,46
20 I	2	110	9,0	7,3	0,6	5,2	9	0,6	0,6	0,12	0,48
II	7	900	7,0	2,0	1,2	16,8	130	2,6	1,2	3,1	4,81
III	11	140	6,9	3,5	1,3	13,0	64	2,3	0,7	0,4	1,47

niedrige Abtragdicken in der ersten Schicht, was an einem speziellen Verlauf bei einem Bestrahlungsversuch lag.

3. Ergebnisse der Aktivierungsanalyse

In Tab. 3 sind die mittleren Konzentrationen an Cu und Fe in den Schichten, im Rest und in der Gesamtprobe (G) aufgelistet. Nr. Best. gibt die Nr. des Bestrahlungsexperiments an. Große Streuungen der Gehalte von Parallelproben weisen besonders die unbehandelte Probe 20 aber auch die Proben 16, 18, 23 und 24 auf.

Durch Interpolation aus einer Summenflächenkonzentrationskurve lassen sich Werte auf gleiche Abtragdicken normieren. Tab. 4 gibt die auf 1 µm Abtrag normierten Konzentrationen in der 1. Schicht an.

Tab. 4. Normierte Cu- und Fe-Konzentrationen in ng/g in der ersten Schicht (1 µm)

Probennr.	Bestr.-Nr.	Cu	Fe
15 I	7	34	860
II	4	69	5200
16 III	5	350	4700
IV	11	47	1200
18 I	5	700	16000
II	8	125	2100
19 II	2	47	1500
III	8	86	1000
21 I	3	420	2400
III	6	230	2600
23 I	3	250	3900
II	9	43?	730
24 II	9	56	600
III	4	160	600
25 I	6	420	3600
II	1	260	2100

4. Diskussion

Auf den ersten Blick erkennt man aus Tab. 4, daß bei den Bestrahlungen Nr. 2, 4, 7, 8, 9 und 11 in der ersten Schicht unter 150 ppb Cu und bei Nr. 1, 3, 5 und 6 über 200 ppb Cu unabhängig von der Probentemperung gefunden wurden. Das verdeutlicht, daß in der 1. Schicht, teilweise auch in der 2. Schicht und im Rest die unterschiedlichen Blindwerte bei der Probenverpackung zur Bestrahlung dominieren. Die Unterschiede im Temperregime kommen dagegen besonders deutlich in der 3. Schicht zum Ausdruck (Tab. 3). Bei der Beurteilung der Analysenergebnisse darf der Einfluß einer strahlenstimulierten Diffusion [5], die Verunreinigung von der Oberfläche in das Probeninnere wandern läßt, nicht unbeachtet bleiben.

In Abb. 1 und 2 sind die Tiefenverteilungen der aus NAA-Messungen bestimmten Gesamtkonzentrationen von Eisen und Kupfer dargestellt. Es ist ersichtlich, daß die Scheiben im Ausgangszustand (E 20) einen niedrigeren Pegel an Fe und Cu aufweisen. Der Hauptanteil der Verunreinigungen liegt im oberflächennahen Bereich. Die im Bereich bis etwa 100 µm erhöhte Fe-Konzentration im Ausgangszustand ist wahrscheinlich eine Folge der Oberflächenbearbeitung [4]. Im Ausgangszustand sind die Konzentrationen an Fe und Cu im Volumen annähernd gleich.

Nach der WB steigt in allen Fällen [Cu], in stärkerem Maße [Fe] im Volumen an, was auf eine Eindiffusion dieser Verunreinigungen aus der Ofenatmosphäre zurückzuführen ist. Mit Zusatz von 2% HCl zu O_2 bei WB I wird [Fe] im Volumen für alle WB-Varianten reduziert (Abb. 1a, b), während sich [Cu] im Volumen kaum ändert. Aus den dargestellten Ergebnissen ergibt sich, daß Fe die hauptsächlichste Verunreinigung bei WB ist.

Für alle Proben konnten keine signifikanten Unterschiede im [Cu] und [Fe]-Profil in Abhängigkeit von der WB im oberflächennahen Bereich festgestellt werden. Dagegen zeigt eine Fehleranalyse der Konzentrationsbestimmungen an Parallelproben in der ersten und zweiten

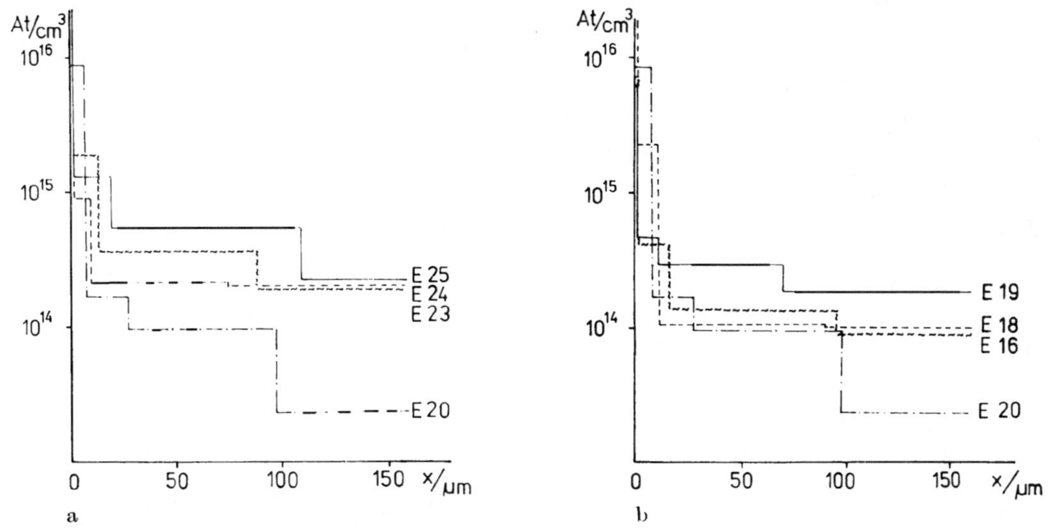

Abb. 1. Tiefenverteilung der Fe-Konzentration von Si-Scheiben im Ausgangszustand und nach WB (s. Tab. 1)
a) Serie 2 (O_2); b) Serie 1 (O_2 + HCl)

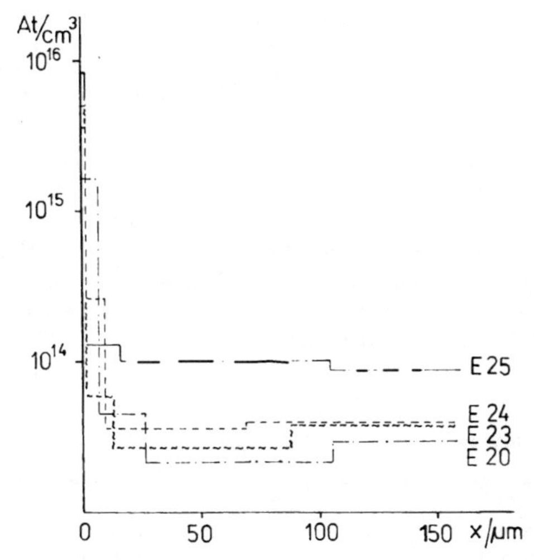

Abb. 2. Tiefenverteilung der Cu-Konzentration von Si-Scheiben im Ausgangszustand und nach der WB der Serie 2 (O_2)

Abtragsschicht eine systematische Abhängigkeit von den Bestrahlungsbedingungen, d. h., eine präparationsbedingte Verfälschung der Meßwerte läßt in diesem Bereich keine gesicherten Aussagen zu. Gesichert ist lediglich, daß der unmittelbare Oberflächenbereich grundsätzlich eine bevorzugte Senke für Verunreinigungen darstellt.

Dagegen zeigte die gute Übereinstimmung der Ergebnisse an Parallelproben nach dem 3. und 4. Abtrag, daß die ermittelten [Cu]- und [Fe]-Werte ab ca. 20 bis 30 µm substratbezogen sind und von der Art der WB abhängen. Aus Abb. 1 und 2 ist ersichtlich, daß ab dieser Tiefe die höchsten [Fe]- und [Cu]-Werte an solchen Proben nachweisbar sind, die auch die höchste Dichte an Volumendefekten aufweisen (mehrstufige WB II, vgl. Abb. 3a, b, c). Weiterhin folgt, daß im Vergleich zur WB II bei 800 °C im allgemeinen für WB II bei 650 °C eine Erhöhung von [Fe] und [Cu] vorliegt.

Eine Analyse von Tiefenlage und Spektrum der nach WB III sich bildenden Defekte zeigt, daß mehrstufige WB II zur stärksten Entwicklung von Sekundärdefekten (Stapelfehler, Versetzungen) führt, während WB II bei 650 °C im Vergleich zu WB II bei 800 °C insbesondere stärkere Stapelfehlerbildung zur Folge hat (Abb. 3). Dagegen verhält sich die Präzipitatdichte hinsichtlich WB II annähernd indifferent. Aus dem deutlichen Anstieg der Dichte von Volumenstapelfehlern in Abhängigkeit von WB II ($\sim 10^7\ cm^{-3}$/800 °C; $\sim 3 \cdot 10^8\ cm^{-3}$/650 °C und

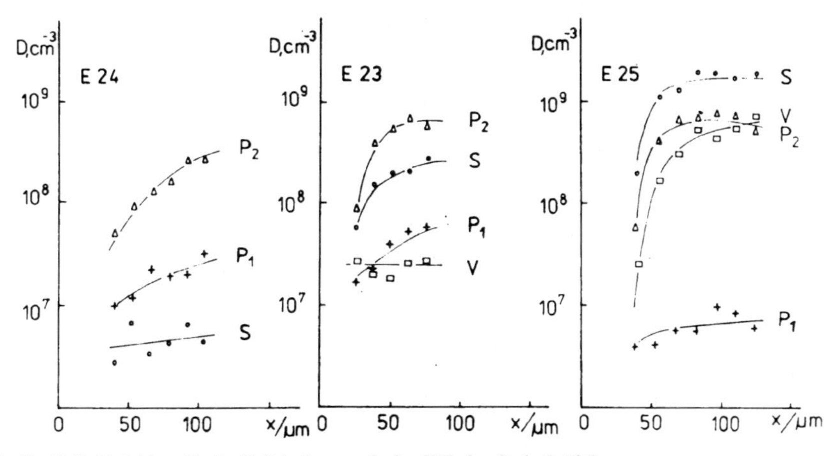

Abb. 3. Partielle Defektprofile in Si-Scheiben nach der WB der Serie 2 (O_2)
P_1 – und P_2 – Präzipitate; V – Versetzungen; S – Stapelfehler

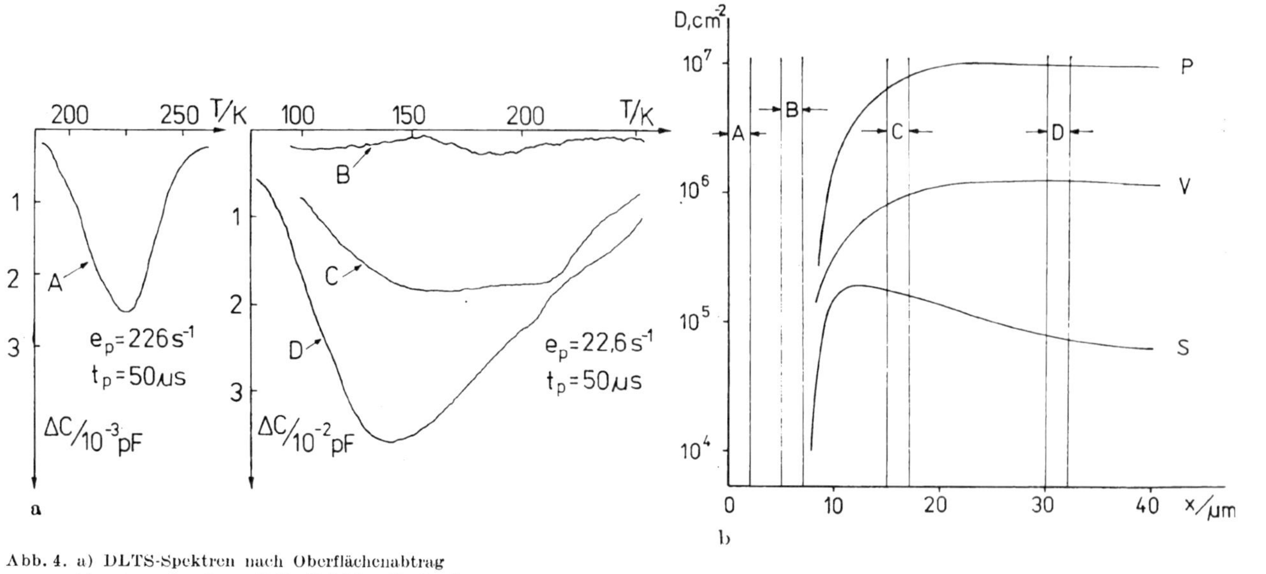

Abb. 4. a) DLTS-Spektren nach Oberflächenabtrag
b) entsprechende partielle Defektprofile in Si:
P – Präzipitate; S – Stapelfehler; V – Versetzungen

~ 2 · 10⁹ cm⁻³/650 °C + 750 °C + 850 °C, s. Abb. 3), dem im allgemeinen auch ein Anstieg von [Cu] bzw. [Fe] entspricht, kann man den Schluß ziehen, daß im vorliegenden Fall in erster Linie Stapelfehler Senken für diese Verunreinigung bilden.

Ergebnisse aus DLTS-Messungen für p-Si nach WB um 1100 °C zeigen, daß vorwiegend tiefe Zentren mit $E_T - E_V = 0{,}38$ eV einer Konzentration N_T bis 10^{12} cm^{-3} vorliegen, die durch Cu verursacht werden und durch Fe bedingte Zentren mit N_T von einigen 10^{11} cm^{-3}. Diese Ergebnisse bestätigen, daß auch bei realen Bauelementprozeßtechnologien Cu und Fe die wesentlichsten Schwermetallverunreinigungen darstellen. In Abb. 4 sind DLTS-Spektren für p-Si nach Oberflächenabtrag im Vergleich zum Defektprofil dargestellt.

Eine Analyse der DLTS-Spektren nach sukzessiven Abträgen (Abb. 4a) ergibt, daß im unmittelbaren Oberflächenbereich die höchste Cu-Konzentration N_T von ca. 10^{12} cm^{-3} vorliegt. Nach 5 µm Abtrag ist $N_T \sim 10^{10}$ cm^{-3}. Ab ca. 15 µm läßt sich jedoch die Ausbildung eines breiten DLTS-Spektrums beobachten, das sich nach 30 µm nicht mehr ändert. Derartig breite Spektren sind für ausgedehnte Defekte wie z.B. Versetzungen charakteristisch [1]. Tatsächlich weist die Analyse des ausgebildeten Defektspektrums in diesem Fall aus, daß als dominierender Sekundärdefekttyp Versetzungen vorliegen (Abb. 4b). Das Tiefenprofil der Volumendefekte an dieser Probe zeigt, daß breite DLTS-Spektren erst bei genügend hoher Defektdichte auftreten. Die elektrische Aktivität der Defekte sollte im wesentlichen durch Anlagerung von Schwermetallverunreinigungen verursacht werden.

Eingegangen am 24. 8. 1983

Literatur

[1] *K. Nagasawa, Y. Matsushita, S. Jishino*, Appl. Phys. Lett. **37** (1980) 622
[2] *F.-G. Kirscht, P. Gaworzewski, K. Schmalz, I. Babanskaje, P. Zaumseil, U. Winter*, Lecture Notes in Physics. Springer Verlag, Matrafüred, Hungary, Sept. 1982
[3] *F. Shimura, H. Tsuja, T. Kawamura*, J. Electrochem. Soc. **128** (1981) 1579
[4] *S. Niese*, J. Radioanal. Chem. **58** (1980) 195
[5] *S. Niese*, J. Radioanal. Chem. **72** (1982) 9

Isotopenpraxis **20** (1984) 6, S. 217–220

Die Eigenschaften des Nukleons (kinetische Energie, freie Weglänge, Diffusionskoeffizient) und der Viskositätskoeffizient der Kerne im Rahmen des Tröpfchenmodells

N. Gorski

(Zentralinstitut für Isotopen- und Strahlenforschung der AdW der DDR)[1])

Es wurde die kinetische Energie ε_k der Nukleonen im Kern eingeschätzt. Sie ist krümmungsabhängig und beträgt $\approx 2-4$ MeV. Die freie Weglänge λ der Nukleonen von 0,91 fm ist kleiner als die Kerndimension. Auf der Grundlage der ε_k- und λ-Werte wurden der mittlere Diffusionskoeffizient der Nukleonen von $7 \cdot 10^{-9}$ m² s⁻¹ und der Viskositätskoeffizient der Kerne von $2 \cdot 10^9$ kg m⁻¹ s⁻¹ bestimmt.

The kinetic energy ε_k of the nucleons in a nucleus was evaluated. Its value depends on the curvature of the nucleus and is $\approx 2-4$ MeV. The mean free path λ of the nucleons was determined to be 0·91 fm and is smaller than the radius of the nuclei. On the basis of ε_k- and λ-values the mean selfdiffusion coefficient of the nucleons and the viscosity coefficient of the nuclei were calculated to be $7 \cdot 10^{-9}$ m² s⁻¹ and $2 \cdot 10^9$ kg m⁻¹ s⁻¹, respectively.

Keywords

kinetic energy, liquid drop model, mean free path, nuclei, self-diffusion, viscosity

Die Frage nach der kinetischen Energie des Nukleons im Kern wird im Rahmen des Tröpfchenmodells nicht beantwortet. Die *Bethe-Weizsäckersche* Gleichung [1], die die eigentliche Grundlage des Tröpfchenmodells des Atomkerns darstellt, beinhaltet explizit kein Glied der kinetischen Energie der Nukleonen. Physikalisch gesehen ist das wenig befriedigend, da sich die Kernbestandteile selbstverständlich in dynamischer Bewegung befinden und somit ihre kinetische Energie nicht Null sein kann. Das läßt vermuten, daß die kinetische Energie des Nukleons in ein Glied der Massenformel eingeht, da sie sonst nicht in der Lage wäre, die energetischen Eigenschaften der Kerne richtig zu beschreiben. Bis jetzt ist es aber nicht gelungen, durch Analyse der Massenformel die kinetische Energie der Nukleonen im Kern zu ermitteln.

In dieser Arbeit wird der Versuch unternommen, ausgehend von der weitgehenden Ähnlichkeit der Eigenschaften der Kernmaterie mit denen der klassischen Flüssigkeiten [2, 3], die kinetische Energie der Nukleonen im Rahmen des Tröpfchenmodells der Kerne einzuschätzen.

Die potentielle Energie im *Hamiltonoperator* der flüssigen Systeme

$$H = \frac{p^2}{2m} + \Sigma V_{ij} \qquad (1)$$

die durch die Paarpotentiale V_{ij} der Flüssigkeitsbestandteile gegeben wird, kann man in zwei Komponenten aufspalten; in das mittlere Potential des zentralen Feldes V_i und in die Restwechselwirkung V_R

$$\Sigma V_{ij} = V_i + V_R \qquad (2)$$

Man betrachtet ein willkürlich gewähltes Molekül und stellt sich vor, daß die Wirkung aller anderen Moleküle auf dieses näherungsweise zu einem Potential V_i gemittelt werden kann.

In [4] wurde gezeigt, daß sich das mittlere Potential V an Hand der molaren Oberflächenspannungsenergie σ_M ermitteln läßt:

$$V_i = 6\sigma_M \qquad (3)$$

oder

$$V_i = 6\sigma V^{2/3} N^{1/3} \qquad (4)$$

σ – Oberflächenspannung der Flüssigkeit
V – Molvolumen
N – *Avogadro*sche Zahl

Damit ist es zur Zeit möglich, das mittlere Potential und die Restwechselwirkung für ein beliebiges flüssiges System anzugeben, da die summare potentielle Energie ΣV_{ij} in Form der inneren Verdampfungswärme U_i zur Verfügung steht.

$$U_i = \Delta H_i - P\,\Delta V \qquad (5)$$

ΔH_i – Verdampfungsenthalpie der Flüssigkeit
$P\,\Delta V$ – bei dem Verdampfungsvorgang geleistete Arbeit

Tab. 1 vermittelt einen Eindruck von der Zusammensetzung des Wechselwirkungspotentials für eine Reihe von Flüssigkeiten. Es ist ersichtlich, daß für atomare und molekulare Flüssigkeiten das Wechselwirkungspotential innerhalb der experimentellen Genauigkeit vollständig durch das mittlere Feldpotential bestimmt wird und für diese Systeme folgerichtig $V_R = 0$ ist.

Für Flüssigkeiten mit komplizierten Bindungsverhältnissen zwischen den Molekülen, wie z.B. für Wasser nimmt die Restwechselwirkung, die in diesem Fall durch die Wasserstoffbrückenbindung bedingt wird [4], eine beachtliche Größe an und ist schon mit der Mittelfeldkomponente vergleichbar.

Für Kerne gelten, wie schon gezeigt wurde [3], ebenfalls die Beziehungen (3) und (4) und die Kondensationsenergie des Nukleons wird wie bei den flüssigen Edelgasen nur durch das mittlere Feldpotential bestimmt.

Eines der bestechendsten Merkmale der flüssigen Phase im Vergleich zur festen ist bekanntlich die um einige

[1]) Anschrift: 7050 Leipzig, Permoserstr. 15

Tab. 1. Oberflächenspannung, Molvolumen, die molare Oberflächenspannungsenergie, das mittlere Potential und die innere Verdampfungswärme der Flüssigkeiten

Flüssigkeit	T K	$\sigma \cdot 10^3$ N m^{-1} [5]	$V \cdot 10^6$ m^3 [7]	σ_M $\frac{J}{4{,}187}$	$6\sigma_M$ $\frac{J}{4{,}187}$	U_i $\frac{J}{4{,}187}$ [9]
Ne	27,23	4,742	16,76	62,63	376	366
Ar	85	13,12	28,12	244,7	1468	1456
Kr	122	15,09	32,85	312,1	1873	1914
N_2	77,35	8,88	34,54*)	189,9	1139	1186
O_2	90	13,23	27,92*)	245,5	1473	1454
H_2O	273,15	75,65[6]	18	1047,9	6290	10210

*) Von uns berechnete Werte mit $\varrho = 0{,}811$ kg dm^{-3} für N_2 und $\varrho = 1{,}146$ kg dm^{-3} für O_2 [8]

Größenordnungen höhere Selbstdiffusion. Z.B. beträgt der Diffusionskoeffizient für Eis bei 0 °C $\approx 10^{-14}$ m^2 s^{-1}, für Wasser dagegen bei der gleichen Temperatur $\approx 10^{-9}$ m^2 s^{-1} [10]. Diese enorme Zunahme der Diffusion steht mit der Anregung der Translationsbewegung der Moleküle in Verbindung. Die Entfaltung der Translationsbewegung der Flüssigkeitsbestandteile ist die gravierende Besonderheit, die die flüssige Phase von der festen prinzipiell unterscheidet und die beim Phasenübergang fest–flüssig ausgelöst wird. Untersucht man die Bedingungen, die notwendig sind, um die Translation in Gang zu setzen, dann stellt man fest, daß das Vorhandensein von Fehlstellen in Form von Löchern in der Gitterstruktur, wohin die Atome bzw. Moleküle bei ihrer Bewegung springen können, eine unumgängliche Voraussetzung darstellt. Die Erzeugung der Löcher schafft erst die Translationsbedingungen und bestimmt auch die anderen Begleiterscheinungen des Schmelzvorganges wie die Verminderung der Koordinationszahlen und Zerstörung der Fernordnung.

Der vorteilhafteste Weg vom energetischen Standpunkt für die Bildung von Löchern im Festkörper ist die Auswanderung der Gitteratome bzw. Moleküle auf die Festkörperoberfläche. Die dazu notwendige auf ein Mol bezogene Energie E_l ist aber definitionsgemäß gleich der molaren Oberflächenspannungsenergie σ_M. Am Schmelzpunkt entspricht sie demzufolge der molaren Oberflächenspannungsenergie σ_M der Flüssigkeit

$$E_l = \sigma_M \tag{6}$$

Die massenhafte Ausbildung von Löchern tritt damit bei Temperaturen auf, bei denen die Energie der Moleküle der molaren Oberflächenspannungsenergie gleich ist.

$$\frac{n}{2} RT = \sigma_M \tag{7}$$

n — Anzahl der Freiheitsgrade des Moleküls an der Oberfläche

Aus dem schon Gesagten ist leicht zu ersehen, daß diese Temperatur der Schmelztemperatur T des Festkörpers entsprechen muß. Für atomare Flüssigkeiten ist $n = 3$ und für die kinetische Energie E_k ihrer Bestandteile, der Atome, die der Gesamtenergie entspricht, gilt:

$$E_k = \sigma_M \tag{8}$$

In Tab. 2 sind die nach Gleichung (7) berechneten Schmelztemperaturen mit den experimentellen T-Werten verglichen. Die Gegenüberstellung zeigt eine gute Übereinstimmung der berechneten und experimentellen Werte. Die kleine Unstimmigkeit ist auf die ungenügende experimentelle Genauigkeit der σ-Werte zurückzuführen. Folglich beschreiben die Beziehungen (7) und (8) die physikalischen Gegebenheiten in Flüssigkeiten am Schmelzpunkt richtig. Es liegt damit nahe, die Beziehung (8) auch zur Einschätzung der kinetischen Energie der Nukleonen im Kern heranzuziehen, da sich die Nukleonen im Kern, wie schon gezeigt wurde [3], ähnlich den Atomen der flüssigen Edelgase verhalten.

Tab. 2. Molare Oberflächenspannungsenergie, Freiheitsgrade und Schmelztemperaturen

Substanzen	σ_M^*) $\frac{J}{4{,}187}$		n	T K (ber)	T K [13]
Ne	75,73	(24 K)	3	25,4	24,6
Ar	244,7	(85 K)	3	82,1	83,8
Kr	346,7	(116 K)	3	116,3	115,95
Xe	478,1	(160 K)	3	160,4	161,3
H_2	41,0	(18,15 K)	3	13,8	13,95
N_2	240,6	(65 K)	4	60,5	63,14
CH_4	361,6	(90 K)	4	91,0	90,64
CO	251,6	(70 K)	4	63,3	68,10
H_2O	1047,9	(273,15 K)	4	263,7	273,15

*) Die σ-Werte sind entsprechende Literaturangaben (Ne, Ar, Kr, Xe, N_2, CH_4, CO [5] H_2 [11] H_2O [6]).
Das Molvolumen für N_2 mit $\varrho = 0{,}868$ kg dm^{-3} [8], für CO mit $\varrho = 0{,}847$ kg dm^{-3} [12] wurde berechnet und für Ne, Ar, Kr, Xe, H_2, H_2O, CH_4 der Literatur entnommen [7].

Demnach sollte dann die kinetische Energie des Nukleons ε_k im Kern einfach die auf ein Nukleon bezogene molare Oberflächenspannungsenergie des Kerns darstellen

$$\varepsilon_k = \frac{\sigma_M}{N} \tag{9}$$

Diese Werte sind in Tab. 3 zusammengestellt. Wie zu sehen ist, liegen sie im Bereich zwischen 2 MeV und 4 MeV und steigen mit Zunahme der Kerngröße. Die Erhöhung der kinetischen Energie der Nukleonen mit der Kerngröße ist physikalisch durchaus verständlich, da in der gleichen Richtung auch die Wechselwirkungsenergie (Kondensationsenergie) der Nukleonen zunimmt [3]. Damit ist die kinetische Energie der Nukleonen krümmungsabhängig. Es ist an dieser Stelle zu bemerken, daß es sich hier bei den eingeschätzten ε_k-Werten nur um eine erste Näherung handeln kann, da bei der Ermittlung der σ_M-Größen keine Korrekturen hinsichtlich der Dichteänderung der Kernmaterie bei Zunahme der Kerngröße vorgenommen wurden. Diese dürften aber nicht von erheblicher Größe sein (Näheres dazu in [3]).

Diskussion

Die hier im Rahmen des Tröpfchenmodells ermittelten kinetischen Energien der Nukleonen lassen sich z. Z. nur indirekt prüfen.

Wie gezeigt wurde, gilt für das mittlere Kernpotential V_i die Gleichung (4). V_i ist andererseits die *Helmholtz*sche freie Energie F. Nach der Thermodynamik stellt der Differentialquotient $\frac{dF}{dV}$ bei T = const. den Druck dar:

$$-P = \left(\frac{dF}{dV}\right)_T = 4\sigma \left(\frac{V}{N}\right)^{-1/3} \tag{10}$$

Tab. 3. Kinetische Energie, freie Weglänge, mittlere Geschwindigkeit, Diffusionskoeffizienten des Nukleons und die Oberflächenspannung der Kerne

Nuklid	σ_M/N MeV [3]	$\sigma \cdot 10^{-17}$ N m^{-1} [2]	λ fm	$v \cdot 10^{-7}$ m s^{-1}	$D \cdot 10^9$ m^2 s^{-1}
^{9}Be	2,06	1,01	0,915	1,992	6,07
^{10}B	2,14	1,05	0,915	2,031	6,19
^{11}B	2,34	1,15	0,914	2,124	6,47
^{12}C	2,40	1,18	0,914	2,151	6,55
^{14}N	2,65	1,30	0,915	2,260	6,89
^{16}O	2,36	1,16	0,914	2,133	6,50
^{18}O	2,48	1,22	0,914	2,186	6,66
^{24}Mg	2,65	1,30	0,915	2,260	6,89
^{27}Al	2,87	1,41	0,914	2,352	7,16
^{28}Si	2,77	1,36	0,914	2,310	7,04
^{31}P	2,91	1,43	0,914	2,368	7,21
^{32}S	2,71	1,33	0,915	2,285	6,97
^{40}Ca	2,65	1,30	0,915	2,260	6,89
^{42}Ca	2,69	1,32	0,915	2,277	6,97
^{44}Ca	2,77	1,36	0,914	2,311	7,04
^{48}Ca	2,99	1,47	0,914	2,400	7,31
^{46}Ti	2,79	1,37	0,914	2,319	7,06
^{48}Ti	2,81	1,38	0,914	2,327	7,09
^{50}Ti	2,95	1,45	0,914	2,384	7,26
^{53}V	3,03	1,49	0,914	2,416	7,36
^{52}Cr	2,89	1,42	0,914	2,360	7,19
^{54}Fe	2,85	1,40	0,914	2,344	7,14
^{56}Fe	2,83	1,39	0,914	2,335	7,11
^{59}Co	2,81	1,38	0,914	2,327	7,09
^{58}Ni	2,81	1,38	0,914	2,327	7,09
^{60}Ni	2,89	1,42	0,914	2,360	7,19
^{88}Sr	3,26	1,60	0,915	2,507	7,65
^{115}In	3,24	1,59	0,915	2,499	7,62
^{116}Sn	3,22	1,58	0,915	2,491	7,60
^{120}Sn	3,18	1,56	0,915	2,476	7,55
^{124}Sn	3,22	1,58	0,915	2,491	7,60
^{122}Sb	3,14	1,55	0,912	2,460	7,48
^{197}Au	3,34	1,64	0,914	2,537	7,73
^{208}Pb	3,26	1,60	0,915	2,507	7,65
^{209}Bi	3,36	1,65	0,914	2,545	7,75

Das Minuszeichen bei P sagt dabei aus, daß es sich hier um den Anziehungsdruck handelt. Substituiert man jetzt $\left(\frac{V}{N}\right)^{1/3}$ durch $\left(\frac{4}{3}\pi\right)^{1/3} r$ (r ist der Radius des Nukleons), dann erhält man

$$P \cdot r = -\left(\frac{48}{\pi}\right)^{1/3} \sigma \tag{11}$$

Durch das Multiplizieren beider Seiten dieser Beziehung mit πr gilt schließlich:

$$\pi r^2 P = -(48\pi^2)^{1/3} \sigma r \tag{12}$$

Wie leicht zu sehen ist, stellt die linke Seite der Gleichung (12) die Kraft dar, die auf ein Nukleon im Kernfeld wirkt.

$$f = -(48\pi^2)^{1/3} \sigma r \tag{13}$$

In harmonischer Näherung nach dem *Hooke*schen Gesetz ist

$$f = -Kr$$

und damit ergibt sich für die Rückstellkraftkonstante K des Feldes

$$K = (48\pi^2)^{1/3} \sigma \tag{14}$$

Mit dieser Größe kann man jetzt die freie Weglänge λ der Nukleonen im Kern einschätzen, deren Kenntnis nach *Bohr* und *Mottelson* [14] von fundamentaler Natur ist, da auf ihrer Grundlage sich die Kernmodelle auswählen lassen.

Aus der Gleichheit der kinetischen Energie des Nukleons und der Bremsenergie des Atomkernfeldes, die auf das Nukleon bei seiner Entfernung aus der Gleichgewichtslage während des Sprungvorganges im Kern wirkt

$$\varepsilon_k = \tfrac{1}{2} K\lambda^2 \tag{15}$$

ergibt sich für λ

$$\lambda = \frac{\varepsilon_k^{1/2}}{(6\pi^2)^{1/6}\, \sigma^{1/2}} \tag{16}$$

Die nach dieser Gleichung berechneten mittleren freien Weglängen der Nukleonen in den Kernen sind in Tab. 3 angegeben. Bemerkenswert ist ihre Konstanz in einem so breiten Bereich der Kernmassenzahlen A von 9 bis 209. Diese λ-Konstanz resultiert, wie leicht zu sehen ist, aus der Gleichmäßigkeit der Erhöhung der kinetischen Energie des Nukleons und des mittleren Kernfeldpotentials mit der Zunahme der Kerngröße. Für die unendlich ausgedehnte Kernmaterie ist damit mit der freien Weglänge von $\approx 0{,}91$ *fm* zu rechnen.

Ein Vergleich der erhaltenen λ-Werte mit den entsprechenden Dimensionen der Kerne [2] zeigt, daß die mittleren freien Weglängen der Nukleonen im Grundzustand des Kerns generell kleiner sind als die Kernradien. Die abgeleitete Beziehung (16) eignet sich nicht nur zur Bestimmung der natürlichen freien Weglängen der Nukleonen, sondern auch der Bremswege der in den Kern eingeschossenen Nukleonen. So liefert sie für Neutronen mit der Einschußenergie $\varepsilon_k = 50$ MeV in ^{208}Pb einen Bremsweg λ von 3,58 *fm* und ein R/λ-Verhältnis von 1,65. R ist der Radius des ^{208}Pb-Kerns mit 5,92 *fm* [2]. In [15] wurde das Verhältnis R/λ für das gleiche Element auf der Grundlage der experimentellen Wirkungsquerschnitte für Neutronen mit ungefähr den gleichen Energien diskutiert. Man fand einen R/λ-Wert von 1,6. Die Übereinstimmung der beiden R/λ-Angaben ist zufriedenstellend.

Tab. 4. Freie Weglängen, Atom-, Molekül- und Nukleon-Radien

Substanz	λ nm	r nm [16]	r nm [20]
Ne	0,149	0,160	0,158
Ar	0,186	0,192	0,188
Kr	0,194	0,197	0,202
Xe	0,210	0,218	0,218
H_2O	0,138	0,140 [17]	
Kerne	0,91 *fm*	0,87 *fm* [18] 1,03 *fm* [19]	

Außer für Kerne wurden die freien Weglängen für Atome und Moleküle einer Reihe von Flüssigkeiten nach (16) berechnet. Diese sind in Tab. 4 zusammengestellt. Eine Gegenüberstellung der erhaltenen λ-Größen mit den Radien der entsprechenden Teilchen zeigt, daß der mittlere freie Weg ungefähr dem Radius des wandernden Teilchens entspricht. Für das Wasser ist das auch an Hand der Neutronstreuuntersuchungen experimentell unabhängig belegt [21]. Den gleichen Zusammenhang zwischen beiden

Größen beobachtet man auch für Nukleonen. Nach den experimentellen Ergebnissen beträgt der mittlere quadratische Radius des Protons 0,87 *fm* [18] und sein Äquivalentradius 1,03 *fm* [19], was gut mit dem hier ermittelten λ-Wert des Nukleons von 0,91 *fm* korreliert. Alle diskutierten Beispiele erlauben die Schlußfolgerung, daß die hier erhaltenen Werte der kinetischen Energien der Nukleonen ihren wirklichen Größen nahe kommen. Diese Glaubwürdigkeit der ε_k-Werte gestattet, eine erste Abschätzung der Diffusionskoeffizienten der Nukleonen im Kern und der Viskositätskoeffizienten der Kerne durchzuführen.

Bestimmung der D- und η-Größen

Nach der kinetischen Theorie gilt für den Diffusionskoeffizienten

$$D = \frac{1}{3} \cdot \lambda \cdot v \tag{17}$$

Mit der Geschwindigkeit der Nukleonen v von $\left(\frac{2\varepsilon_k}{m}\right)^{1/2}$ und dem erhaltenen λ-Wert von 0,91 *fm* wurden nach (17) die Diffusionskoeffizienten der Nukleonen eingeschätzt (Tab. 3, Spalte 6). Der erhaltene Mittelwert für 35 Kerne von $7{,}1 \cdot 10^{-9}\ m^2\ s^{-1}$ ist verblüffend denen der Flüssigkeiten bei normalen Temperaturen [22] analog, die im Bereich von $10^{-9}\ m^2\ s^{-1}$ bis $10^{-8}\ m^2\ s^{-1}$ liegen.

An Hand der ermittelten Werte des Diffusionskoeffizienten des Nukleons kann man auch den Viskositätskoeffizient des Kerns η bestimmen, da beide Größen miteinander wie folgt verknüpft sind:

$$\eta = D \cdot \varrho \tag{18}$$

Mit der mittleren Kerndichte $\varrho = 2{,}82 \cdot 10^{17}\ kg\ m^{-3}$ erhält man auf dieser Grundlage (18) einen mittleren Viskositätskoeffizienten η von $2{,}0 \cdot 10^9\ kg\ m^{-1}\ s^{-1}$. Aus der Dämpfung der Spaltungsdynamik der Kerne, der Breite der β-Schwingungsresonanz und der Breite der Riesendipolresonanz wurden die Kernviskositätskoeffizienten η experimentell bestimmt. Alle drei genannten Verfahren ergaben einen Mittelwert von $1{,}6 \cdot 10^9\ kg\ m^{-1}\ s^{-1}$ [23], der, wie zu sehen ist, gut mit dem hier berechneten übereinstimmt. Das unterstützt zusätzlich die physikalische Relevanz der eingeschätzten Werte der kinetischen Energie der Nukleonen.

Eingegangen am 27. 7. 1983

Literatur

[1] *A. Bohr, B. R. Mottelson*, Struktur der Atomkerne, Band I. Berlin: Akademie-Verlag 1975, S. 148

[2] *N. Gorski*, Isotopenpraxis **17** (1981) 421

[3] *N. Gorski*, Isotopenpraxis **19** (1983) 196

[4] *N. Gorski*, ZfI-Mitteilungen **52** (1982) 39

[5] *F. P. Buff, R. A. Lovett*, in Simple Dense Fluids, ed. *H. L. Frisch, R. A. Salsburg*. New York: Academic Press 1968, S. 17

[6] *R. C. Hendricks, R. B. McClintock, G. J. Silvestri*, Transactions of the ASME, Ser. A, J. Eng. Power **99** (1977) 664

[7] *E. A. Moelwyn-Hyghes*, Physikalische Chemie. Stuttgart: Georg Thieme Verlag, 1970, S. 412

[8] *Landolt-Börnstein*, Neue Serie, Band 5, Molekularakustik. Berlin – Heidelberg – New York: Springer Verlag 1967, S. 13

[9] *D'Ans Lax*, Taschenbuch für Chemiker und Physiker, Band I: Makroskopische physikal.-chemische Eigenschaften. Berlin – Heidelberg – New York: Springer Verlag 1967

[10] *D. Eisenberg, W. Kauzmann*, The Structure and Properties of Water. Oxford: Clarendon Press 1969

[11] Handbook of Chemistry and Physics, 57th Edition, CRC-Press, 1976–1977, S. F-47

[12] *Landolt-Börnstein*, Eigenschaften der Materie in ihren Aggregatzuständen, 2. Teil, Bandteil a, Gleichgewichte Dampf–Kondensat und osmotische Phänomene. Berlin – Göttingen – Heidelberg: Springer Verlag 1960, S. 186

[13] Referat [7], S. 141

[14] Referat [1], S. 146

[15] Referat [1], S. 175

[16] Referat [7], S. 14

[17] *A. H. Narten, M. D. Danford, H.A. Levy*, Discuss. Faraday Soc. **43** (1967) 97

[18] *P. Brix*, Naturwissenschaften **64** (1977) 293

[19] *Landolt-Börnstein*, Kernphysik und Kerntechnik, Band 1/2, Kernradien. Berlin – Heidelberg – New York: Springer Verlag 1967, S. 30

[20] *K. P. Huber, G. Herzberg*, Molecular Spectra and Molecular Structure IV. Constants of Diatomic Molecules. New York: Van Nostrand-Reinhold 1979

[21] *S. M. Iskenderow, A. G. Novikow*, Die Untersuchung der Selbstdiffusion des Wassers mit der Methode der quasi-elastischen Streuung der langsamen Neutronen, Teil 2, FEI-995, Obninsk 1979 (*russisch*)

[22] *Landolt-Börnstein*, Eigenschaften der Materie in ihren Aggregatzuständen, 5. Teil, Bandteil a, Transportphänomene I. Berlin – Heidelberg – New York: Springer Verlag 1969, S. 576

[23] *R. Wieczorek, R. W. Hasse, G. Süssmann*, Physics and Chemistry of Fission (Proc. Symp. Rochester 1973), IAEA, Vienna, 1, 1974, S. 523

Mitteilungen / Information

CALIBRATION PROCEDURES IN SECONDARY STANDARD DOSIMETRY LABORATORIES - CONFERENCE REPORT
Forty persons from 33 countries and three international organizations participated in a Training Seminar on Calibration Procedures in Secondary Standard Dosimetry Laboratories held at the Institute for Radiation Protection of the Austrian Research Centre and the IAEA Dosimetry Laboratory at Seibersdorf from 20 to 22 June 1983. The training seminar was an acticity of the Agency's secretariat of the international Network of Secondary Standard Dosimetry Laboratories, presently comprising 45 member laboratories, mainly located in developing countries. There has been great progress in the treatment of cancer by ionizing radiation since large-scale radioisotope sources were made available. High-energy accelerators producing photons and electrons have supplemented Co-60 gamma radiation, and are coming into use in developing countries as well. The safe and successful use of ionizing radiation in radiotherapy and reliable radiation protection services require, however, professional competence in the field of dosimetry and the availability of national or regional dosimetry calibration services. There are a number of dosimetry calibration protocols but they are difficult to follow and require thorough interpretation. It was the main objective of the training seminar to offer guidance in the use of such protocols, in dosimetry instrument performance criteria, and in such basic matters as dosimetry quantities and units and the treatment if uncertainties. Through experimental sessions all participants were made acquainted with modern dosimetry equipment for radiotherapy and radiation protection, and with standardized measurement procedures. (nach: H. Eisenlohr, IAEA-Bulletin 25 (1983) 4, S. 41)

LEBENSMITTELBESTRAHLUNG IN BELGIEN
Ende 1983 ist in Belgien die Liste der Lebensmittel,die mit ionisierender Strahlung sterilisiert oder konserviert werden koennen, um drei Produktionsgruppen erweitert worden. Gewisse bestrahlte Gewuerze, Aromastoffe und Lebensmittel sind nun nach einer Verfuegung des Gesundheits- und Familienministeriums vom 29. September 1983, die fuer 5. November veroeffentlicht wurde, fuer den Konsum zugelassen. Der Erlass regelt auch die technischen Bedingungen der Bestrahlung. (SVA-Bulletin (1984) 3, S. 14)

NEUE INTERNATIONALE METERDEFINITION
Die 17. Generalkonferenz fuer Mass und Gewicht in Paris hat eine neue Definition fuer die Laengeneinheit Meter angenommen. Sie lautet: "Das Meter ist die Laenge der Strecke, die Licht im Vakuum waehrend der Dauer von 1/299 792 458 Sekunden durchlaeuft". Damit ist von jetzt ab der Wert der Lichtgeschwindigkeit auf c = 299 792 458 Meter in der Sekunde festgelegt worden.Zugleich wird die Laengeneinheit Meter metrologisch abhaengig von der Zeiteinheit Sekunde. Sie bleibt aber weiterhin eine Basiseinheit des internationalen Einheitensystems (SI).
Damit ist die seit 1960 festgesetzte Definition, wonach das Meter der von isolierten Atomen des Nuklids Kr-86 beim Uebergang vom Zustand $5d_5$ zum Zustand $2p_{10}$ emittierten und sich im Vakuum ausbreitenden Strahlung entspricht, hinfaellig. In der DDR wird das Meter seit dem 20. Oktober 1983 im Amt fuer Standardisierung, Messwesen und Warenpruefung mit Hilfe der Strahlung eines frequenzstabilisierten He-Ne-Lasers gemaess der neuen Definition dargestellt und der Volkswirtschaft der DDR mit der internationalen gegenwaertig erreichbaren hoechsten Genauigkeit zur Verfuegung gestellt.

NEUERNENNUNGEN BEI DER IAEA
Der Generaldirektor der IAEA hat am 8.3.1984 folgende Neuernennungen bekanntgegeben:

Leonard V. Konstantinov (UdSSR) Stellvertretender Generaldirektor an der Hauptabteilung fuer Kernenergie und Sicherheit.

Mohamed Mostafa El-Baradei (Aegypten) Vertreter des Generaldirektors am Hauptquartier der Vereinten Nationen.

John Gerald McManus (Canada) Direktor der Inspektionsabteilung C an der Hauptabteilung fuer Sicherheitskontrolle.

Ivano Humbert Marchesi (Brasilien) Direktor der Abteilung fuer Wissenschaftlich-Technische Dokumentation. (IAEA-Pressekommunique 7/84)

Kurznachrichten / Newlets

Strahlenrisiko:
IRREFUEHRENDE FERNSEHREPORTAGEN
Die private britische Fernsehgesellschaft Yorkshire Television (YTV) brachte im Dez. 1983 eine Reportage, bei der mitgeteilt wurde, dass in der Umgebung der britischen WAA Sellafield (Windscale) gehaeuft Krebs bei Kindern auftrete, was auf den Betrieb dieser Anlage zurueckzufuehren sei. Im einzelnen wurde behauptet, dass in dem naheliegenden Dorf Seascale Leukaemie zehnmal hoeher als statistisch erwartet aufgetreten sei. Der Betreiber der Anlage, British Nuclear Fuels Ltd. (BNFL), wies den Tatbestand energisch zurueck. Nach den Angaben von BNFL wurden die Mitarbeiter in Windscale seit Betriebsbeginn auf Krebs- und Leukaemieerkrankungen untersucht. Das Unternehmen verfuege inzwischen ueber Daten von 11500 derzeitigen und frueheren Mitarbeitern. Diese Personen unterlagen oder unterliegen einer beruflichen jaehrlichen Strahlenbelastung, die bis zu hundertmal hoeher ist als die der Allgemeinbevoelkerung. Unter den Beschaeftigten traten bisher 293 Krebsfaelle auf, obwohl unter der erfassten Personengruppe im britischen Durchschnitt 337 zu erwarten gewesen waeren. Nach der Statistik waren neun Leukaemien zu erwarten, aufgetreten seien acht. Die Abgaben von radioaktiven Stoffen aus der Anlage haben stets weit unter den zugelassenen Grenzwerten gelegen. Es ist vorgesehen, dass eine genaue Untersuchung ueber die Behauptungen der Fernsehgesellschaft und ueber eine moegliche Erhoehung von Krebserkrankungen in der Grafschaft Cumbria erfolgen wird.(Atomwirtschaft/Atomtechnik (1984)1,S.9)

Radiooekologie:
VERSCHWIEGENES POLONIUM
Im Oktober 1957 versagte die Kuehlung des Reaktors 1 in Windscale.Die Temperaturen stiegen auf 1300°C. Radioaktive Stoffe drangen aus dem Reaktor. Sie trieben in suedoestlicher Richtung ueber den groessten Teil Englands hinweg und auf das europaeische Festland zu. Im offiziellen Bericht wurde damals als wichtigstes freigesetztes Radio-Isotop das J-131 angegeben: 2000 Ci gelangten ins Freie. Zum Vergleich: Beim Harrisburg-Stoerfall entwichen 15 Ci J-131. Ausserdem wurden in Windscale 600 Ci Cs-137, 80 Ci Sr-89 und 9 Ci Sr-90 freigesetzt. Insgesamt 41 Isotope zaehlt ein neuer Bericht des NRPB (National Radiation Protection Board) Anfang dieses Jahres auf. Nur eines nicht: Po-210, einen starken Alpha-Strahler mit 140 Tagen Halbwertzeit. Den Stein des Skandals brachte jetzt John Urquart ins Rollen, ein Bibliothekar an der Universitaet von Newcastle upon Tyne. Von Po-210, wenn auch ohne Mengenangabe, hatte naemlich 1958 ein an die UNO gerichteter Bericht ueber den Stoerfall

gesprochen. Autor des Berichts war John Dunster gewesen, damals Wissenschaftler bei der AEA. Heute ist Dunster Vorsitzender der NRPB. Erst eine Veroeffentlichung von John Urquhart im englischen Wissenschaftsmagazin New Scientist stiess das NRPB mit der Nase auf diesen dunklen Fleck in der Vergangenheit. Die Behoerde fand jetzt, dass 240 Ci Po-210 in die Umgebung gelangten. (Bild der Wissenschaft (1983) 12, S.15)

Elementarteilchenphysik:
DIE ENTDECKUNG DER INTERMEDIAEREN VEKTORBOSONEN

An die fortlaufende Vermehrung des "Elementarteilchen-Zoos" hat man sich laengst gewoehnt. Aber bei diesen neuen Teilchen W und Z, beide annaehernd hundertmal so schwer wie das Proton, ist es etwas anderes: Sie muessen existieren, wenn es fuer die fundamentalen Kraefte der Natur eine gemeinsame Wurzel geben soll. Deshalb ist der gelungene Nachweis im Proton-Antiproton-Speicherring des CERN eine hoechst bedeutsame Entdeckung. Ist damit das Kapitel abgeschlossen? Keinesfalls. Wo, wenn nun alles eintritt wie vorhergesagt, sind die Teilchen, die der Higgs-Effekt verlangt? Wo sind die fundamentalen Higgs-Skalare? Ist der Higgs-Effekt, der den Vektorbosonen Masse gab, nur der Schatten tieferer, unverstandener Geheimnisse? Das Suchen geht weiter.
(Umschau 83 (1983) 25/26, S. 769-773)

Nuclear explosion test:
PINE NEEDLES MONITORING RADIOACTIVITY

It is well known that pine needles adsorb radionuclides more than other plants. In Japan pine needles have been used as a monitoring material around a nuclear establishment. Recently the radionuclide concentrations in pine needles on Kyushu Island, Japan, were determined after the 26-th Chinese nuclear explosion. The test was conducted on 16 October 1980 in Lop Nor and radioactive debris was injected into the lower stratosphere as well as the troposphere. The pine needles were collected at many locatious on Kyushu Island from April 1981 to July 1982. Especially in the northern part of Kyushu Island two types of pine needles were collected, new and old growth. 7Be, 40K, 144Ce, 137Cs, 125Sb, 54Mn, 96Zr and 95Nb were detected in all samples, and 106Rn, 103Ru and 141Ce in several samples. The ratios of 144Ce/125Sn and 95Zr/144Ce in pi e needles collected at various locations decreased with the elapsed time after the detonation, i.e. these artificial radionuclides came from the explosion. The radionuclide concentrations in old growth needles were much higher than those in new growth ones at any time. The strongest decent of the radioactive particles produced by the 26-th test was observed between Jauary and June 1981. The calculated weathering half-lives (300-400 d) were longer than those obtained in a previous work (100-200 d). The difference can be explained as follows: In the previous work the effect of the 25-th nuclear explosion test was investigated. This test showed a typical tropospheric pattern, but the 26-th test a stratospheric one. The size distribution of fallout particles of the 26-th test seemed to shift to smaller sizes than that of the 25-th test. In retention experiments using various kinds of vegetations it was found that particle size is one of the significant factors for the weathering half-life. The difference of the weathering half-lives of the stratospheric and tropospheric fallout can be attributed to the difference of particle size. Stratospheric fallout in pine needles has a longer weathering half-life than tropospheric fallout. (nach: N. Matsuoka et al., Radiochem. Radioanal. Letters 57 (1983), 161-168)

Lebensmitteluntersuchung:
WEHE, WENN WINZER WEINE WAESSERN

Eine Nachweismethode, mit der man Weinpanschern auf die Schliche kommen kann, haben jetzt zwei Wissenschaftler aus dem Institut fuer Radioagronomie der Kernforschungsanlage Juelich parat. Dr. Hilmar Foerstel und Heinz Huetzen ermittelten aus Hunderten von Probenahmen, flaechendeckend fuer das gesamte Bundesgebiet, eine oertlich charakteristische Eigenschaft des Grundwassers: das Isotopenverhaeltnis des Sauerstoffs. Dabei stellte sich heraus, dass innerhalb enger Grenzen deren mengenmaessiges Verhaeltnis fuer die deutschen Wenanbaugebiete uebereinstimmt (mt Ausnahme des Bodenseeraumes). Im uebrigen gibt es ein Nord-Sued-Gefaelle des $^{18}O/^{16}O$-Verhaeltnisses, das im Zusammenhang mit Weinkontrollen aber nicht weiter von Bedeutung ist. Wenn die Weinpflanzen Wasser aus dem Boden aufnehmen, so reichert sich in Laubwerk und Reben das Isotop ^{18}O gegenueber ^{16}O in einem bestimmten und bestimmbaren Verhaeltnis an. Das Isotopenverhaeltnis in den Reben unterscheidet sich also immer um einen messtechnisch erfassbaren Betrag von der Isotopenzusammensetzung des aufgenommenen Wassers. Hier liegt der Ansatzpunkt fuer die von Foerstel und Huetzen erprobte Methode, wobei die Bestimmung des Isotopenverhaeltnisses Aufschluss gibt, ob Leitungswasser beigemischt - "gepanscht" - wurde. Die Juelicher Wissenschaftler suchen nach weiteren eindeutigen Merkmalen fuer eine Qualitaetskontrolle. Als naechste Substanz, fuer die praktikable Nachweisverfahren gefunden werden sollen, steht Zucker auf dem Plan. (Bild der Wissenschaft (1984) 1, S. 12)

Nuclear chemistry:
THE SUPERHEAVY ELEMENTS (Z=112-115) AS VOLATILE METALS

The partial molar enthalpies of adsorption of volatile metals on metal surfaces at zero coverage were calculated as a function of the desublimation enthalpy the first solution enthalpy of the adsorbed species in the adsorbent, and the displacement energy required for the production of solid solutions. The results obtained indicate that the superheavy elements with Z=112-115 are volatile metals, some of them showing relatively high adsorption enthalpies on metal surfaces. Therefore the authors made some conclusions concerning the optimal selection rules for the transport, isolation, separation, and detection of the superheavy elements. With respect to their interaction with metal surfaces, SHE (112,114) are expeeted to behave as "volatile noble metals" rather than as rare gases, as a result of their strong adsorption on many metal surfaces. The group separation of SHE with Z=112-115 by an evaporation procedure is therefore performed preferentially from Pd, Zr, Cu, Rh or Pt catchers. Due to large differences in the adsorption enthalpies, the metals Cu, Pd, Pt and Ni are a good choice for a stationary metal packing in the gas-adsorption separation of individual SHE. The adsorption enthalpies for the whole SHE group on Cu or Pd surfaces allow their deposition at temperatures above 0°C. In couclusion, optimal backings for final SHE samples should be Pd or Cu because they can easily be kept free from oxide layers and both of the metals guarantee relatively high adsorption enthalpies of the highly volatile SHE th Z=112-115. (nach: B. Eichler and H. Rossbach, Radiochimica Acta 33 (1983), p. 121-125)

N-15-Anwendung:
DIE N-15-TRACERTECHNIK IN DER PAEDIATRISCHEN FORSCHUNG

Eiweiss-Stoffwechselstoerungen sind in keinem Lebensabschnitt so haeufig wie im Saeuglings- und Kindesalter. Die zahlreichen Unklarheiten ueber den Eiweissbedarf von Fruehgeborenen, reifen Neugeborenen sowie kranken Saeuglingen und Kindern verlangen neue, nichtinvasive Untersuchungstechniken. Die N-15-Tracertechnik erweist sich hier als besonders geeignet. Aufbauend auf Arbeiten der Leipziger N-15-Arbeitsgruppe des Zentralinstitutes fuer Isotopen- und Strahlenforschung der AdW und der Chirurgischen Kliniken von Bezirkskrankenhaus St.Georg und Karl-Marx-Universitaet Leipzig sowie auslaendischer Arbeitsgruppen stellt die N-15-Arbeitsgruppe der Kinderklinik der Wilhelm-Pieck-Universitaet Rostock vor allem zu folgenden Gebieten eigene Beitraege vor:

- Utilisation parenteral applizierter D-Aminosaeuren
- Einfluss verschiedener Saeuglingsnahrungen auf den Stickstoffmetabolismus Fruehgeborener
- Einfluss von Wachstumshormon (HGH) auf den Eiweissstoffwechsel
- Harnstoffutilisation der Darmflora des Saeuglings (W. Heine u.a., DDR-Medizin-Report 12 (1983), S. 838-878, 171 Lit.-zitate)

Nuklearmedizin:
ANWENDUNG DER KERNMAGNETRESONANZMESSUNG AM MENSCHEN (Literaturstudie)

NMR-Messungen am menschlichen Koerper haben seit der im Jahre 1973 durch Lauterbur erstmals vorgestellten Anwendung zu zahlreichen Arbeiten und Spekulationen gefuehrt. Als bildgebende Methode haben sie gegenueber den eingefuehrten Verfahren den Vorteil, mehr Informationen ueber funktionelle Vorgaenge liefern zu koennen. Ausserdem kommen sie - wie die Ultraschallverfahren - ohne ionisierende Strahlung aus. Die biologischen Nebenwirkungen (durch die elektromagnetische Strahlung, die statischen Magnetfelder und die wechselnden Magnetfelder) werden vorsichtig als bisher "nicht wahrscheinlich als gesundheitsschaedlich" charakterisiert. Die Zeugmatographie (oertliche Aufloesung von NMR-Signalen von Protonen) wurde zur Tumorerkennung (Schaedel, Hals, Thorax, Abdominalorgane), Infarkterkennung (Hirn, Herz) und zur Erkennung von Missbildungen an Neugeborenen erprobt. Neben Zeugmatogrammen (Schnittbildern) durch die NMR-Tomographie wurden integrale Verfahren entwickelt, die z.B. die Charakterisierung des am Energiestoffwechsel beteiligten Phosphors in einem Organ ermoeglichen (Topical Magnetic Resonance). Neben den Kernen H-1 und P-31 wurden auch C-13, F-19, Na-23 und weitere Kerne vermessen. (K. Buchali u.a., Dt. Gesundheitswesen 38 (1983), S. 1949-1952 u. 1989-1995, 117 Lit.-zitate)

Kernenergie:
ATOMSTROMANTEIL IN FRANKREICH 1983 UEBER 48%

Der Beitrag der Kernkraftwerke zur gesamten Stromerzeugung Frankreichs betrug im Jahr 1983 nach vorlaeufigen Angaben 48,3%. 1982 hatte der Atomstromanteil 38,7% erreicht. Die klassisch-thermischen Kraftwerke trugen 1983 26,7%, die Wasserkraftwerke 24,9% bei. Mit 137 Mia kWh lag die franzoesische Nuklearstromproduktion im Berichtsjahr 33% hoeher als 1982. Die staatliche Electricite de France (EDF), die ~87% der Landesstromproduktion bestritt, erhoehte ihre Gesamterzeugung gegenueber 1982 um 8%. Dank der gesteigerten Urannutzung konnte Frankreich bei der Stromerzeugung erneut erhebliche Mengen Oel, Kohle und Gas einsparen. Der Kohleverbrauch der EDF sank von 16,8 Mio t im Vorjahr auf 14,5 Mio t im Jahr 1983, der Oelverbrauch halbierte sich von 5,2 Mio t auf 2,6 Mio t, und der Gasverbrauch ging von 0,8 Mia m^3 auf 0,6 Mia m^3 zurueck. (SVA-Bulletin (1984)3, S.8)

Kernenergie:
BRD-BILANZ 1983

1983 wurden in der Bundesrepublik Deutschland von 16 Kernkraftwerken mit einer Leistung von 11 109 MW insgesamt 65,9 Mia kWh elektrischer Strom erzeugt. Gegenueber der Jahresproduktion von 63,6 Mia kWh im Jahre 1982 entspricht dies einer Steigerung von 3,6%. Nach ersten Schaetzungen des Deutschen Atomforums duerfte der Strom aus Kernkraftwerken einen Anteil von rund 21% an der Elektrizitaetserzeugung der oeffentlichen Versorgung erreicht haben. (SVA-Bulletin (1984) 3, S. 8)

Kernenergie:
ATOMSTROMANTEIL IN BELGIEN, FINNLAND UND SCHWEDEN

46% der gesamten im Jahre 1983 in Belgien erzeugten Elektrizitaet, naemlich 27,65 Mia kWh, stammten aus Kernkraftwerken. Damit steht Belgien punkto Atomstromanteil an der gesamten Elektrizitaetsproduktion hinter Frankreich an zweiter Stelle aller Laender der Welt. Mit je 37% folgen Schweden und Finnland an dritter Stelle. Die schwedischen Kernkraftwerke produzierten 39,2 Mia kWh und die finnischen 16,71 Mia kWh. Im Jahre 1982 lagen die entsprechenden Werte fuer Belgien bei 28%, fuer Schweden bei 39% und fuer Finnland bei 40%. Die Angaben fuer 1983 stuetzen sich auf provisorische Werte. (SVA-Bulletin (1984) 3, S.8)

Kernenergie:
UMWELT- UND BESUCHERFREUNDLICHE ELEKTRIZITAETS-PRODUKTION

"Tue Gutes und sprich darueber" - nach diesem Motto wird in Muehleberg in der Schweiz nicht nur in einem 320-MW-Kernkraftwerk umweltfreundlicher Atomstrom und in einem 40-MW-Wasserkraftwerk ebenso sauberer Wasserstrom produziert, sondern gleichzeitig auch noch umfassend darueber Auskunft gegeben. Auf engstem Raum hat der Besucher somit die Gelegenheit, sich ueber diese beiden Hauptstuetzen der Elektrizitaetsversorgung der Schweiz - Wasser- und Kernkraftwerke - zu informieren. Beim Kernkraftwerk wurde der Besucherpavillon umgestaltet, in dem folgende Bereiche geschaffen wurden: physikalische Grundlagen der Kernenergie; Aufbau und Funktion des Kernkraftwerkes; Sicherheitsbarrieren, Umgebungsbelastung und Entsorgung; allgemeine Energiefragen. Beim Wasserkraftwerk wurde eine Museumshalle errichtet, in der Objekte aus der Pionierzeit der Maschinen- und Elektrotechnik aufbewahrt und der Oeffentlichkeit zugaenglich gemacht werden. Ueberdies werden im Physiklehrsaal des Kraftwerkes dem Besucher durch anschauliche Versuche die Grundbegriffe der Elektrizitaetslehre nahegebracht. (SVA-Bulletin (1984) 1, S.6)

HISTORISCHES/
HISTORICAL BACKGROUND

VOR 50 JAHREN - ENTDECKUNG DES T UND DES NEUTRONENGENERATORS

Im Cavendish Laboratorium in Cambridge wurden im Fruehjahr 1934 unter Leitung von E. Rutherford "Transsmutationseffekte" mit Deuteronen untersucht. Durch Beschuss von ND_4Cl, $(ND_4)_2SO_4$ und von D_3PO_4 mit D^+ konnten die Kernreaktionen $^2D+^2D \rightarrow ^3H+p$ und $^2D+^2D \rightarrow ^3He+n$ bewiesen werden. Fuer das neue Wasserstoffisotop $^3H(=T)$ wurde eine Masse von 3,0151 berechnet. Im uebrigen nannte man damals das Deuterium noch Diplogen und das Deuteron Diplon, Bezeichnungen, die sich auf einer Sitzung der Royal Society am 14.12.1933 ueber das schwere Wasser als favorisiert herausstellten. (Nach M.L. Oliphant, P. Harteck und E. Rutherford, Nature 133 (1934) 413, Proc. Roy. Soc. (London) A144(1934) 692-703)

Ausgewählte Beiträge /
Recently published papers

ATOMNAJA ENERGIJA 56(1984)4 (all in Russian)

Fission Cross-Section of the Np-236 Short-Lived Isomer for Thermal Neutrons - E.A. Gromova et al.

The Measurement of Nuclear Fuel Burnup in a Reactor by Neutrino Radiation - V.A. Korovkin et al.

Population Irradiation in the Soviet Union from

Medical Diagnostics - E.I. Vorobyov et al.

The Behavior of Thorium in the Laterite Process - V.A. Kopeikin

A Secondary Emission Detector for Registering Gamma Rays in Nuclear Reactors - S.V. Chuklyayev et al.

Investigation of the Effect of Gamma-Quanta Scattering on the Radiation Field of a Co-60 Facility - V.F. Zinchenko et al.

Measuring the Thickness of Nuclear Fuel Deposition - P.S. Otstavnov et al.

Radiation-Stimulated Diffusion of Aerosols - I.E. Nakhutin et al.

The Possibility of Using Cosmic Background Neutrons in Sea-Water Studies - E.M. Filippov

Use of Ferrosulphate Solution in Dosimetry Studies with Reactor Radiation Beams - S.P. Kapchigashev et al.

Measurement of the Energy and Intensity of the Main Cm-246 Alpha-Groups - V.M.Shatinski

ATOMNAJA ENERGIJA 56(1984)5 (all in Russian)

On Quantitative Estimation of Nuclear Safety - B.P. Shishin

Release of Co-60, Ag-110m, Mn-59 and their Concentration in the Vicinity of the Armenian Nuclear Power Station - E.S. Saakov et al.

Isotopic Composition of Blanket Fuel from a Hybrid Thorium-Cycle Thermonuclear Reactor - S.V. Marin et al.

The Concentration Ratio of Radiogenic Lead and Uranium in Near-Ore Halos of Hydrothermal Uranium Mineralization Zones - V.M. Ershov

A New Generation of Sources of Multiply-Charged Ions (a review) - K.S. Golovanivski

Accounting for Pu-238 Decay in the Determination of Isotopic Composition of Uranium Fuel from a Hybrid Thermonuclear Reactor - S.V. Marin et al.

Influence of the Neutron Spectrum on the Production of U-233 from Th-232 - A.S. Gerasimov et al.

The Stability of Scintillation Detectors Exposed to Gamma Rays - V.V. Pomerantsev et al.

The Calculation of Electron Bremsstrahlung Yield from Thick Targets - V.I. Isayev et al.

ATOMKERNENERGIE-ATOMTECHNIK 44(1984)1

Fusionsreaktorauslegung: auf dem Weg zur Kommerzialisierung - G.L. Kulcinski

Studie zur neutronenarmen Nuklearenergie - R. Feldbacher u.a.

Betrachtungen ueber Fusions-Spaltungs-Hybridsysteme - N.A. Amherd

Das Zusammenwirken von D-D-Tokamaks mit dezentralisierten kleinen Fusions- und Spaltungsreaktoren - K. Schoepf u.a.

Ueber die Wirtschaftlichkeit von Fusionsbruetern - E. Greenspan

Untersuchungen ueber d.Einfluss von Mikroorganismen auf die Verlagerung von Radiojod im Boden - J. Bors u.a.

ATOM (1984)328

Procuring uranium for Britain - M. Townsend

Radioactive waste - L.Roberts

Energy for the Poor World - D. Pooley

RADIOCHEM. RADIOANAL. LETTERS 59(1983)1-4

Quantitative separation of barium, yttrium, lanthanum and cerium from large amounts of strontium - Lê Văn So

Quantitative separation of strontium from iron, indium, bismuth and lead - Lê Văn So

Radiochromatographic assay for decarboxylating enzymes - E. Gattavecchin et al.

Effect of X-ray selective excitation in photon activation analysis - V.G. Magiera et al.

Determination of iodine in biological matrices using a fast radiochemical separation - M. Allegrini et al.

Trace elements content of commercial aluminium foils - I.M. Dale

Analysis of Nigerian petroleum for trace elements by neutron activation - Ch.L. Ndiokwere

Production of radionuclides by photonuclear reactions 3. Production of carrier-free indium-111 - A. Malinin et al.

Multielement standard for routine INAA - M. Vobecky et al.

On the separation of cesium, strontium and cerium - L. Toth

RADIOCHIMIJA 25(1983)6 (all in Russian)

The determination of microgram neptunium quantities on products of spent fuel reprocessing by means of potential-controlled coulometry - A.Ja. Kuperman et al.

The use of displacement and elution chromatography for preparation isolation of transplutonium elements - A.A. Elesin et al.

The improvement of efficiency of autoradiography method by means of scintillators - M.A. Orlowa et al.

Tritium incorporation in liquid preparations by catalytic methods - V.P. Shevchenko et al.

On possible separation of transuranium elements by transport reaction method - G.S. Sinitsyna et al.

J. OF NUCLEAR MATERIALS 119(1983)2+3

Mechanical properties of organic composite materials irradiated with 2 MeV electrons - S. Egusa et al.

Neutron damage in alpha-titanium - M.Griffiths et al.

Mechanism of Zircaloy nodular corrosion - R. Kuwae et al.

Oxidation and liquid Zircaloy by steam - D.R. Olander

Cs and I release source terms from irradiated LWR fuel - M. Peehs et al.

SPEKTRUM 15(1984)2

Elektronenstrahlen analysieren Festkoerper - J. Heidenreich

Kleine Chronik: Eine geniale chemische Patience - das Periodensystem der Elemente - W. Girnus

WISSENSCHAFT UND FORTSCHRITT 34(1984)2

Physik-Nobelpreis 1983: Stabilitaet und Energiehaushalt d.Sterne - H.-H. v.Borzeszkowski u.a.

Isotopenpraxis 20 (1984) 6, S. 221 – 223

Einsatz synthetischer Meßstandards zur quantitativen Element-Bestimmung in dünnen Widerstandsschichten mittels Neutronenaktivierungsanalyse*)

M. Kubsch, R. Stahlberg

(Akademie der Wissenschaften der DDR, Zentralinstitut für Festkörperphysik und Werkstofforschung)[1])

Durch eine der Probengeometrie gut angepaßten Methode zur Herstellung von Flächenstandards wird die genaue neutronenaktivierungsanalytische Analyse von CrSiW-Schichten der Größen 0,25 bis 1,5 cm² mit Massenbelegungen von 5 bis 50 µg und Schichtdicken im Bereich von 20—80 nm ermöglicht. Die Richtigkeit erhaltener Cr- und W-Werte wird mit anderen Analysenverfahren verglichen. Die Präzision der Standardprobenherstellung beträgt 0,003.

A method to obtain area standards well adapted to the sample geometry renders possible accurate neutron-activation analysis of CrSiW layers from 0·25 to 1·5 cm² in size with masses between 5 and 50 µg and thicknesses ranging from 20 to 80 nm. Obtained Cr and W values are compared with the results of other methods of analysis in order to proove their correctness. Precision of standard sample manufacture is 0·003.

Keywords

calibration standards; charges; neutron activation analysis; quantitative chemical analysis; standardization; thickness

Problemstellung

Die Aufklärung des Widerstandsverhaltens von Schichtwerkstoffen auf CrSiW-Basis erfordert die genaue Kenntnis der chemischen Zusammensetzung zur Aufdeckung bestehender Zusammenhänge zwischen dem Zustand eingesetzter Targets, technologischer Bedingungen zur Schichtdarstellung und den physikalischen sowie strukturellen Schichteigenschaften. Wegen der relativ kleinen Substanzmengen von 5 bis 50 µg in 20 – 80 nm dicken Schichten bei Flächen von 0,25 bis 1,5 cm² und der Notwendigkeit der Beurteilung der Schichtqualität mit anderen Untersuchungstechniken (z.B. Widerstandsmessung, Elektronenstrahlmikroanalyse, Rasterelektronenmikroskopie) an gleichen Proben wurde vorteilhaft die zerstörungsfreie Neutronenaktivierungsanalyse angewendet. Als wesentliches Problem mußten erwartete systematische und zufällige Fehler infolge unterschiedlicher Probe- und Standardgeometrien schrittweise reduziert werden.

Experimentelle Bedingungen

Die Aktivierung der Proben erfolgte am Rossendorfer Forschungsreaktor bei einem Neutronenfluß von ca. $5 \cdot 10^{13}$ ncm^{-2} s^{-1} in Quarzampullen (28 mm Durchmesser) mit abwechselnd eingestapelten Proben und geometrisch angepaßten Flächenstandards. Die Vermeidung der Kontamination von Probe und Standard sowie die Lagestabilisierung gelangen mit Aluminiumfolie. Zur Charakterisierung der Elemente wurden die Reaktionen $^{50}Cr(n, \gamma)^{51}Cr$ ($t_{1/2}$ = = 27,71 d) und $^{186}W(n, \gamma)^{186}W$ ($t_{1/2}$ = 23,9 h) ausgenutzt und die Auswertung bei 320,1 keV (Cr) und 479,57 bzw. 685,74 keV (W) vorgenommen.

Das eingesetzte Spektrometer besteht aus einem 60 cm³ Ge(Li)-Detektor (Rez, CSSR), ORTEC-Vorverstärker 120-3-F, Vielkanalanalysator ICA-70 (KFKI, Budapest) und Zählverlustkorrektureinheit (Pulsertechnik PPTIG, ZFW). Die Spektrenauswertung erfolgte am Kleinrechner SM4 [1 – 4]. Um Verfälschungen des Peakinhaltes für Chrom infolge der Einflüsse des Comptonuntergrundes des Wolframpeaks bei 479,57 KeV sicher ausschließen zu können, ist es notwendig, den Zeitpunkt der Chrommessung erst nach genauer Kenntnis des Wolframspektrums festzulegen. Bei Vernachlässigung dieser Erfahrungen können erhebliche Mehrbefunde für Chrom auftreten. Das ist durch umfangreiche Untersuchungen im System CrSiW mit Cr–W-Verhältnissen im Bereich von 1 bis 50 sicher belegt worden.

Herstellung von Flächenstandards

Es wurden flußsäurehaltige Standardlösungen (Auflösen von Chrom in 6 N HCl, Wolfram in konzentrierten HNO_3(1)-HF(3)-Mischungen und Auffüllen auf 100 ml) mit z.B. $3,59 \cdot 10^{-2}$ m-% W und $4,46 \cdot 10^{-1}$ m-% Cr o. a. Zusammensetzungen präpariert. Diese konnten nicht, wie allgemein üblich, auf saugfähiges Filterpapier aufgebracht werden. Als zweckmäßig erwies sich der Einsatz von aktivierungsanalytisch kontrolliertem PES-Vlies, welches sich bei den vorliegenden chemischen Bedingungen als ausreichend stabil erwies. Zur Gewährleistung einer hohen Genauigkeit und guter Präparationsbedingungen ist die skizzierte Standardform gewählt worden (Abb. 1).

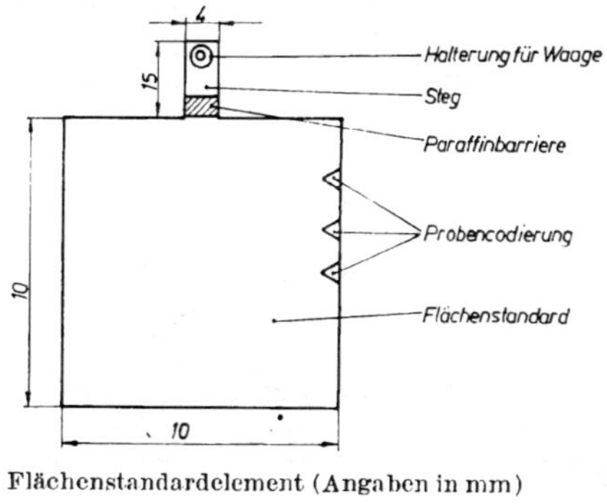

Abb. 1. Flächenstandardelement (Angaben in mm)

*) Vortrag auf der 3. Tagung „Nukleare Analysenverfahren" Dresden 11. – 15. 4. 1983

[1]) Anschrift: 8027 Dresden, Helmholtzstr. 20

Nach Wägung der der Probengeometrie gut angepaßten Flächenelemente wurden diese in eine Standardlösung (Cr und W) eingetaucht. Der Übergang der Standardlösung in den zur Halterung notwendigen Steg wird durch einen Paraffintropfen verhindert. Nach dem Herausnehmen des Flächenelementes aus der Standardlösung erfolgt eine zeitlich gestaffelte Mehrfachwägung, um die Lösungsmittelverdampfung berücksichtigen zu können (vgl. Tab. 3). Nach anschließender Lufttrocknung werden die Standardproben mit in iso-Butanol gelöstem Phenol-Formaldehydharz getränkt und stufenweise bis auf 180 °C erwärmt und ausgehärtet. An den mechanisch stabilen, elastischen und hinreichend strahlenresistenten Flächenstandards wurde durch mehrfache Wiederholung ($n = 20$) mittels Wägung und nach Aktivierung durch integrale Messung eine Reproduzierbarkeit von $s_r = 0{,}003$ ermittelt. Ein Massetransport vom getränkten und luftgetrockneten Vlies in die Harzlösung konnte aktivierungsanalytisch nicht festgestellt werden.

Ergebnisse

Zur Beurteilung der Richtigkeit neutronenaktivierungsanalytischer (NAA) Chrom- und Wolframbestimmungen wurden zunächst an kompakten Cr–Si–W-Systemen im Bereich von 20–60 m-% Cr, 60–20 m-% Si und 0,1 bis 50 m-% W gezielte Vergleiche an Probenmengen von 5–10 mg polykristallinen Materials mit chemischen (CA) und flammenatomabsorptionsspektrometrischen (FAAS) Chrombestimmungen, sowie durch Heranziehung des 100%-Kriteriums unter Einbeziehung der Si-Bestimmung mit Hilfe der FAAS und der durch NAA gewonnenen Wolframgehalte vorgenommen (Tab. 1).

Die Proben 1–3 stammen aus verschiedenen Bereichen des gleichen Targets. Die Proben 4–7 wurden dagegen pulvermetallurgischen Targets mit unterschiedlicher Sinterung entnommen. Die festgestellten Abweichungen von 100 m-% erklären sich aus der Summe der festkörpermassenspektrographisch bestimmten Verunreinigungen und den gasanalytisch ermittelten C-, O-, S- und N-Gehalten.

Zur Beurteilung der Leistungsfähigkeit der INAA erfolgten an CrSiW-Schichten gleicher Herstellungsbedingungen zusätzlich Elementbestimmungen (Tab. 2) durch *Rutherford*rückstreuung (RBS). Der Analysenvergleich ist zweckmäßig nur über die W–Cr-Masseverhältnisse auszuführen, wobei für die RBS-Werte eine Umrechnung von Atomprozent in Masseeinheiten notwendig ist.

Tab. 1. Vergleichsanalysen für CrSiW mittels CA (a), FAAS (b) und NAA (c) – Angaben in Masse-%

Probe	Chrom			Silizium	Wolfram
	a	b	c	b	c
1	46,2	45,9	46,6	43,4	10,9
2	46,1	46,7	48,8	43,4	11,6
3	48,4	48,8	48,4	43,2	9,1
4	28,7	28,3	28,0	21,7	48,1
5	28,8	27,6	27,9	21,4	47,7
6	29,0	27,9	27,9	21,1	48,5
7	28,8	26,8	27,5	21,5	48,8

Tab. 2. W–Cr-Masseverhältnisse an CrSiW-Schichten auf Si (a) und Glaskohle (b)

Probe	INAA			RBS
	µg W	µg Cr	W/Cr	W/Cr
A	2,3	16,5	0,14 a)	0,15 b)
B	1,9	13,6	0,14 a)	0,15 b)
C	1,2	7,1	0,17 b)	0,16 b)
D	1,3	8,3	0,16 b)	0,16 b)

Voraussetzung für genaue Schichtanalysen mittels der INAA, neben der Präparation geeigneter Flächenstandards, ist die Einhaltung gleicher Neutronenflüsse bei der Aktivierung und gleicher Spektrenaufnahmebedingung bei besonderer Beachtung der Meßgeometrie für Proben und Standards. Bei Vernachlässigung dieser Erfahrung können systematische Fehler von mehr als 10% auftreten.

Wir danken für die gewissenhaften Arbeiten und Präparationen zur Herstellung und Untersuchung der syntheti-

Tab. 3. Überprüfung der Gewichtsabnahme durch Verdunsten des Lösungsmittels bei Ta/W-Lösungen und Extrapolation auf den Zeitpunkt t_0 durch Regressionsrechnung
(Die Proben 1–10 und 11–16 wurden an unterschiedlichen Tagen präpariert)

Nr.	Gewicht (g) nach			Gewicht (g) bei t_0	Gehalt (µg) bei t_0		s_{rel}
	1 min	1,5 min	2 min		Ta	W	(10^{-4})
1	0,16441	0,16354	0,16271	0,16610 ± 0,00004	3,0646	5,7708	2,4
2	0,14811	0,14777	0,14733	0,14891 ± 0,00009	2,7608	5,1987	6,0
3	0,22216	0,22128	0,22056	0,22373 ± 0,00014	4,1411	7,7978	6,2
4	0,23252	0,23166	0,23099	0,23402 ± 0,00017	4,3342	8,1615	7,3
5	0,20926	0,20856	0,20772	0,21082 ± 0,00013	3,9006	7,3450	6,2
6	0,16835	0,16751	0,16686	0,16981 ± 0,00017	3,1380	5,9091	10,0
7	0,15988	0,15919	0,15851	0,16125 ± 0,00001	2,9802	5,6118	0,6
8	0,18404	0,18326	0,18275	0,18528 ± 0,00024	3,4537	6,5035	13,0
9	0,13581	0,13514	0,13465	0,13694 ± 0,00016	2,5526	4,8066	11,7
10	0,16736	0,16651	0,16601	0,16865 ± 0,00031	3,1437	5,9197	18,4
11	0,16738	0,16662	0,16614	0,16857 ± 0,00025	31,355	59,001	14,8
12	0,16398	0,16330	0,16250	0,16548 ± 0,00011	30,779	57,918	6,6
13	0,18698	0,18639	0,18568	0,18830 ± 0,00011	35,024	65,905	5,8
14	0,14178	0,14134	0,14074	0,14285 ± 0,00014	26,570	49,997	9,8
15	0,15552	0,15452	0,15386	0,15712 ± 0,00031	29,225	54,993	19,7
16	0,20504	0,20417	0,20324	0,20685 ± 0,00005	38,474	72,398	2,4

$\bar{s}_{rel} = 8{,}8 \cdot 10^{-4}$

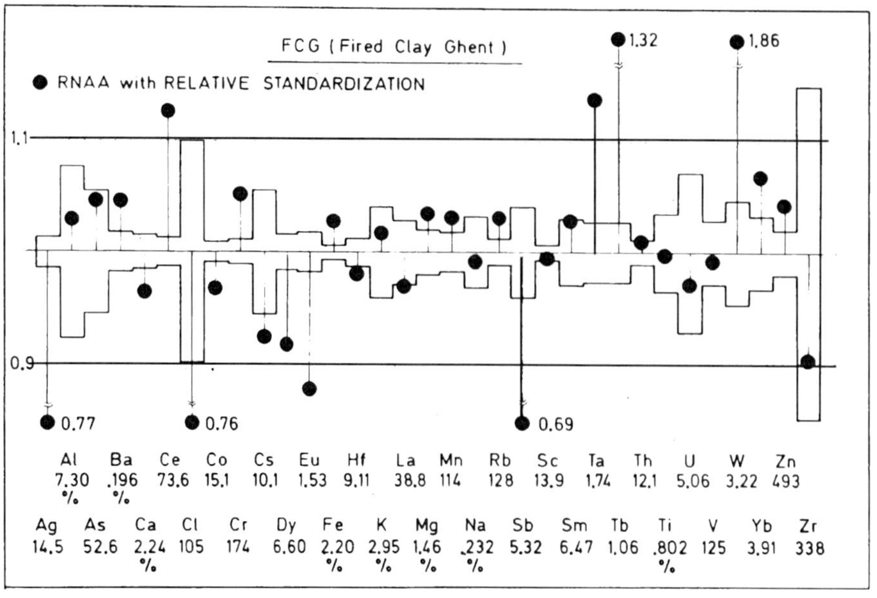

Fig. 3. FCG (Fired clay Gent)
Ratio of results from RNAA with relative standardization [20] to overall KFKI/INW results (±1σ uncertainty). KFKI/INW results in ppm, unless otherwise stated

Acknowledgements

The financial support of the National Fund for Scientific Research is highly appreciated (*F.D.C.*). Thanks are due to Miss *S. Upor* for technical assistance and to Mr. *J. Ghysels* for allowing us to show his results for FCG.

Received July 7, 1983

References

[1] *A. Simonits, F. De Corte, J. Hoste*, J. Radioanal. Chem. **24** (1975) 31
[2] *L. Moens* et al., J. Radioanal. Chem. (in press)
[3] *L. Moens*, Doctorate Thesis, Gent (1981)
[4] *A. Simonits, L. Moens, F. De Corte, A. De Wispelaere, A. Elek, J. Hoste*, J. Radioanal. Chem. **60** (1980) 461
[5] *L. Moens, F. De Corte, A. De Wispelaere, J. Hoste, A. Simonits, A. Elek, E. Szabo*, J. Radioanal. Chem. (in press)
[6] *A. Simonits*, to be published
[7] *A. Simonits, F. De Corte, J. Hoste*, J. Radioanal. Chem. **31** (1976) 467
[8] *F. De Corte, L. Moens, A. Simonits, K. Sordo-El Hammami, A. De Wispelaere, J. Hoste*, J. Radioanal. Chem. **72** (1982) 275
[9] *F. De Corte* et al., to be published
[10] *L. Moens, A. Simonis, F. De Corte, J. Hoste*, J. Radioanal. Chem. **54** (1979) 377
[11] *A. Simonits, F. De Corte, T. El Nimr, L. Moens, J. Hoste*, J. Radioanal. Chem. Nucl. Chem. **81** (1984) 397
[12] *L. Moens, F. De Corte, A. Simonits, A. De Wispelaere, J. Hoste*, J. Radioanal. Chem. **52** (1979) 379
[13] *A. Simonits, S. Jovanovic, F. De Corte, L. Moens, J. Hoste*, J. Radioanal. Chem. (in press)
[14] *S. Jovanovic* et al., to be published
[15] *F. De Corte, K. Sordo-El Hammami, L. Moens, A. Simonits, A. De Wispelaere, J. Hoste*, J. Radioanal. Chem. **62** (1981) 209
[16] *L. Moens, J. De Donder, Lin Xilei, F. De Corte, A. De Wispelaere, A. Simonits, J. Hoste*, Nucl. Instr. Methods **187** (1981) 451
[17] *Lin Xilei, F. De Corte, L. Moens, A. Simonits, J. Hoste*, J. Radioanal. Nucl. Chem. **81** (1984) 333
[18] *Lin Xilei*, Doctorate Thesis, Gent (1981)
[19] *A. Demeter*, Doctorate Thesis, Budapest (1982)
[20] *J. Ghysels*, unpublished work
[21] *S. Abbey*, Geostandards Newsletter **4** (1980) 163
[22] *A. D. Brunfelt, E. Steinnes*, Geostandards Newsletter **2** (1978) 3
[23] *F. J. Flanagan*, Description and analysis of eight new USGS rock standards, USGS Professional Paper 840 (1976)
[24] *K. Govindaraju, I. Roelandts*, Geostandards Newsletter **1** (1977) 163
[25] *J. Hertogen*, Doctorate Thesis, Gent (1974)
[26] *T. Smet, I. Roelandts*, Geostandards Newsletter **2** (1978) 61

schen Meßstandards und die neutronenaktivierungsanalytischen Messungen Frau *L. Neef*, Frau *U. Pietsch* und Frau *U. Stöckgen*, für die Bereitstellung der untersuchten Sputterproben Herrn Dr. *H. Schreiber* und für die Schichtanalysen mittels RBS Herrn Dr. *R. Grötzschel*, ZfK Rossendorf.

Eingegangen am 10. 8. 1983

Literatur

[1] *M. Kubsch, D. Peschke, E. Heinze, U. Herrmann, R. Stahlberg*, Isotopenpraxis **16** (1980) 10

[2] *M. Kubsch, U. Herrmann*, 2. Tagung Nukleare Analysenverfahren, Dresden (1979) 276

[3] *M. Kubsch, G. Dörfel, W. Kluge*, 10th Int. Symp. Nuklear Electronics, Dresden 189 (1981)

[4] *G. Dörfel, W. Kluge, M. Kubsch*, mst **24** (1981) 547

Isotopenpraxis **20** (1984) 6, S. 223 – 226

Evaluation of the k_0-Method by its Application to (n, γ) RNAA of Geological, Environmental and Clay Reference Materials*)

F. De Corte[1], [2]), *A. Demeter*[3]), *Lin Xilei*[1]), [4]), *L. Moens*[1]), *A. Simonits*[3]), *A. De Wispelaere*[1]), *J. Hoste*[1])

([1]) Institute for Nuclear Sciences, State University, Gent, Belgium[1] [2]) Research Associate of the National Fund for Scientific Research, Belgium; [3]) Central Research Institute for Physics, Budapest, Hungary; [4]) Present address: General Research Institute for Non-Ferrous Metals, Beijing, China)

The k_0-standardization method, the present state-of-the-art of which is shortly reviewed, is applied to multi-element reactor neutron activation analysis of (standard) reference materials. The analyses are performed independently at the Institute for Nuclear Sciences (Gent, Belgium) and the Central Research Institute for Physics (Budapest, Hungary). Results are given for USGS G-2 (granite), NBS SRM-1633a (coal fly ash) and FCG (fired clay of Gent). Comparison with literature data shows that the k_0-method, while being experimentally simple, versatile and suited for computerization, offers a potential accuracy of better than 5%.

Die k_0-Methode, deren gegenwärtiger Entwicklungsstand kurz dargestellt wird, findet auf die Mehrelement-Reaktor-Neutronenaktivierungsanalyse von Bezugsmaterialien Anwendung. Die Analysen werden unabhängig voneinander am Institut für Nuklearwissenschaften (Gent, Belgien) und am Zentralen Forschungsinstitut für Physik (Budapest, Ungarn) durchgeführt. Die Ergebnisse beziehen sich auf USGS G-2 (Granit), NBS SRM-1633a (Kohleflugasche) und FCG (gebrannter Ton aus Gent). Ein Vergleich mit Literaturangaben zeigt, daß die k_0-Methode einerseits experimentell einfach, vielseitig anwendbar und für den Rechnereinsatz geeignet ist, andererseits aber eine potentielle Genauigkeit von weniger als 5% sichert.

Keywords

accuracy; activation analysis; calibration standards; neutrons; neutron activation analysis; standardization

Introduction

With the k_0-standardization method, for use in (n, γ) reactor neutron activation analysis (RNAA), the concentration of an element in a sample, determined through counting (on a Ge(Li) or HPGe detector) of a gamma-line with energy E_γ, emitted by the formed isotope i, is calculated from:

$$\varrho_i(\mathrm{ppm}) = \frac{\left(\frac{N_p/t_m}{SDC}\right)_i}{\left(\frac{N_p/t_m}{SDC}\right)_{comp}} \cdot \frac{w_{comp}}{W} \cdot \frac{1}{k_{0,comp}(i)} \cdot \frac{f + Q_{0,comp}(\alpha)}{f + Q_{0,i}(\alpha)} \cdot \frac{\varepsilon_{p,comp}}{\varepsilon_{p,i}} \qquad (1)$$

where "comp" = coirradiated single-comparator (power monitor) [e.g. ^{197}Au(n, γ) ^{198}Au; $E_\gamma = 411{\cdot}8$ keV] with weight w (in μg), and W = sample weight (in g).

Since the introduction of this concept in 1975 [1], the parameters of Eq. (1) were examined in detail:

- N_p, peak area. Correction procedures and formulae were worked out for losses due to true coincidence (residual uncertainty, for sources on top of the detector, ≅ 1·5%) [2, 3] and burn-up [4].
- $S = 1 - \exp(-\lambda t_{irr})$, t_{irr} = irradiation time and $T = (\ln 2)/\lambda$ = half-life; $D = \exp(-\lambda t_d)$, t_d = decay time; $C = [1 - \exp(-\lambda t_m)]/\lambda t_m$, t_m = measuring time. Half-life error propagation functions were derived [3], and T-values were critically selected from literature [4, 5], or experimentally redetermined [5, 6].
- In case of complicated reaction/decay mechanisms (mother-daughter etc.), the term $\frac{N_p/t_m}{SDC}$ has to be replaced by adequate expressions [4, 5].
- $k_{0,comp}(i)$, a composite nuclear constant, containing atomic weights, isotopic abundances, thermal cross-sections and gamma-intensities for isotopes "i" and "comp" [4]. These absolute nuclear data being often unreliable, experimental k_0-determination, with an accuracy of ≅ 1%, was performed at the INW (Gent) and the KFKI (Budapest) for some 70 isotopes [4, 5].
- f, thermal to epithermal flux ratio. Accurate, "instantaneous" f-monitoring can be performed by coirradiating and counting a Zr-foil (^{95}Zr–^{97}Zr) [7 – 9].

---

[1]) Correspondence address: Proeftuinstraat 86, B-9000 Gent, Belgium

*) Presented at the 3rd Meeting Nuclear Analytical Procedures, 11th – 15th April 1983, Dresden (GDR)

Tab. 1. Experimental procedures at the KFKI (Budapest) and the INW (Gent)

	KFKI (Budapest)	INW (Gent)
Samples	10—40 mg; packing in W41 or Al; pellets 6·4 mm dia × 0·2 mm; monitors: Zr-foil, 0·1% Au–Al wire	150—500 mg; mixing with wax; pellets ~ 11 mm dia × 4 mm; monitors: Zr-foil, 0·1% Au–Al wire
Irradiation	WWR-M; Ch.MILA (f = 32; $\alpha \cong 0$), Ch. 17/2 (f = 21; α = 0·012); 5 samples per channel (× 2)	THETIS; various channels (f = 24—72; α = 0·009—0·084); 3 samples per channel (× 2)
Counting	Ge(Li); ≧ 3 measur./sample (from short to long t_d); fixed distance 15 cm (no corr. for coinc. and geom.); pulser meth. for dead-time and pulse pile-up corr.; $t_m \ll T$	Ge(Li); ≧ 3 measur./sample (from short to long t_d); distance 24—2 cm (corr. for coinc. and geom.); low count rate (pulse pile-up negligible); dead-time stabilizer
Calculation	on R40 & TPA-1140; peak area: HYPERMET, SAMPO 80; concentrations: SPECTRUM; nuclear data library: [5]	on VAX 11/780; peak area: SEQAL, CAOS; detector efficiency: SOLANG; concentrations: SINGCOMP (with COINCI subrout. for coinc. corr.); nuclear data library: [5]
Final results	corr. for threshold react., fission, blank; average with uncertainty (incl. syst. err.)	corr. for threshold react., fission, blank; average with uncertainty (incl. syst. err.)
	overall KFKI/INW average with uncertainty	

Tab. 2. KFKI and INW results for some "low uncertainty" elements; ( ) = % error

	USGS G-2		NBS SRM-1633a		FCG	
	KFKI	INW	KFKI	INW	KFKI	INW
Ce, ppm	152· (0·6)	149· (4·3)	163· (1·6)	155· (0·6)	71.4 (2·7)	74·0 (1·1)
Co, ppm	4·64 (1·6)	4·54 (0·4)	43·6 (0·8)	45·0 (0·4)	15·2 (1·6)	15·0 (1·1)
Fe, %	1·82 (0·9)	1·82 (0·4)	9·09 (0·8)	9·56 (0·5)	2·20 (0·7)	2·20 (1·1)
Hf, ppm	8·12 (1·8)	8·13 (0·7)	6·94 (2·7)	7·15 (2·5)	9·12 (2·7)	9·11 (1·5)
La, ppm	85·0 (0·8)	85·8 (0·2)	77·5 (0·8)	81·7 (0·4)	37·2 (2·0)	37·6 (1·3)
Na, %	2·97 (1·9)	3·04 (0·4)	·172 (2·5)	·175 (0·6)	·224 (1·3)	·239 (1·2)
Sc, ppm	3·47 (1·4)	3·40 (0·2)	38·6 (0·6)	40·4 (0·5)	13·9 (0·8)	13·7 (1·1)
Tb, ppm	0·44 (1·8)	0·46 (1·7)	2·47 (3·3)	2·54 (2·0)	1·10 (7·8)	1·06 (2·9)
Th, ppm	24·7 (0·5)	24·2 (0·5)	24·5 (0·9)	24·3 (1·2)	12·0 (1·3)	12·3 (2·0)

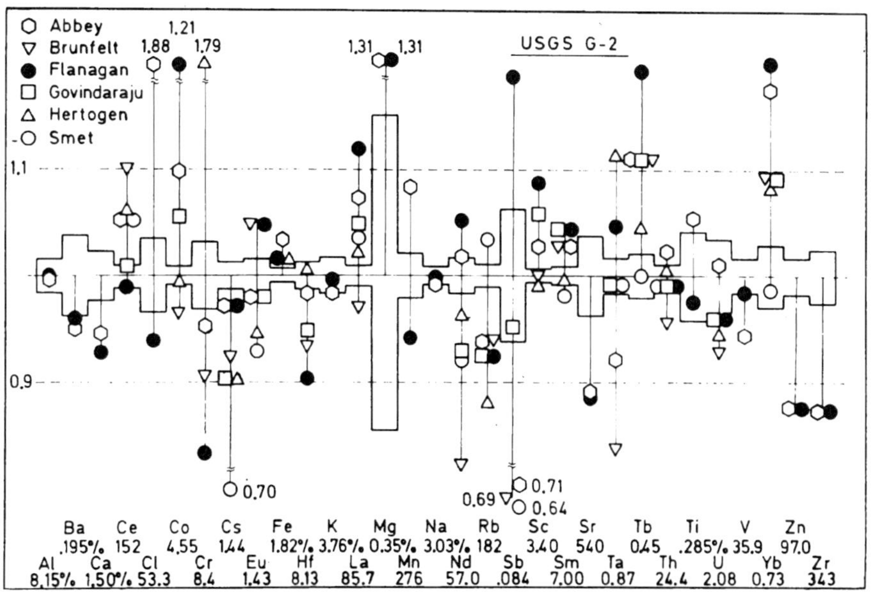

Fig. 1. USGS G-2

Ratio of literature concentration data to overall KFKI/INW results (±1σ uncertainty). KFKI/INW results in ppm, unless otherwise stated. References: *Abbey* [21], *Brunfelt* [22], *Flanagan* [23], *Govindaraju* [24], *Hertogen* [25], *Smet* [26]

– $Q_0(\alpha) = (Q_0 - 0.429)\,(\bar{E}_r)^{-\alpha} + 0.429/[(2\alpha + 1)\,(0.55)^\alpha]$, with Q_0 = resonance integral to thermal cross-section ratio, $\bar{E}_r$ = effective resonance energy, and α = measure for the deviation of the epithermal flux spectrum ($\sim 1/E^{1+\alpha}$) from the $1/E$-law. Q_0's, with an accuracy of $\sim 3\%$, were experimentally determined or evaluated by the KFKI/INW [5, 10, 11]. $\bar{E}_r$-values were calculated for 90 isotopes [5, 12]; updating, including experimental determination, is in progress [13, 14]. "Instantaneous" α-monitoring was shown to be possible by coirradiating a Zr-foil and a Au-Al wire, followed by counting on a detector with known efficiency (^{95}Zr–^{97}Zr–^{198}Au) [15].

– ε_p, detection efficiency. A procedure was developed to calculate ε_p-values for extended sources at any detector distance, taking into account gamma-attenuation; the residual uncertainty (for sources on top of the detector) is $\cong 2\%$ [16].

Although some refinements and extensions are still in progress, the above outlined methodology was applied to RNAA of some multi-element reference materials [17 to 19]: a 7-element synthetic standard for biological samples, geological materials USGS BCR-1 (basalt), USGS G-2 (granite), USGS PCC-1 (peridotite) and GSJ JG-1 (granodiorite), environmental material NBS SRM-1633a (coal fly ash), steels NBS SRM-408a and NBS SRM-442, and clay FCG (fired clay of Gent). The present paper gives the results for USGS G-2, NBS SRM-1633a and FCG. At the INW (Gent), the latter is a canditate multi-element RNAA standard for pottery [20].

Experimental

The analyses were performed independently at the KFKI (Budapest) and the INW (Gent), thus diversifying the experimental conditions as much as possible. This implicates for instance different sample preparation (geometry, blanks, etc.) irradiation (f, α, fission and threshold reaction interferences, etc.), counting (dead time, pulse pile-up, detection efficiency, coincidence, etc.) and gamma spectrum interpretation (peak area calculations, etc.). A survey of the procedure followed is presented in Tab. 1.

Results and Discussion

Tab. 2 shows the KFKI and the INW analysis results for some of the elements with good counting statistics (and thus low uncertainties). The good cooorespondence proves the accuracy of the above outlined correction procedures (α, coincidence, efficiency, etc.).

In spite of the diversified experimental conditions the KFKI and INW results are correlated by the introduction of identical nuclear data. Therefore, it is instructive to examine the ratio of literature values to the overall KFKI/INW results. These ratios are plotted in Fig. 1 – 3, which give also the concentrations found in this work (in ppm, unless otherwise stated), together with their % uncertainty (plotted around the normalization line). For USGS G-2 (Fig. 1), the results agree quite well (better than 5%) for those elements (Eu, Fe, K, Na, Sc, etc.) with well-established concentrations (no large scatter in literature). For most of the other elements, our results are well situated within the (sometimes surprisingly large) literature range, but no definite conclusions can be drawn. For NBS SRM-1633a (Fig. 2), our results agree within 5% with the NBS-certified values (points with error bars), except for Ce and Mg. Taking into account non-certified values as well, the correspondence remains better than 10%. For FCG (Fig. 3), comparison of relative [20] and k_0-standardization reveals for most elements a correspondence better than 10% (or even 5%). Ag, Cl, Sb, Tb and W show large deviations, although in some of the other materials good correspondence was observed [17 – 19]. Nevertheless, the above mentioned discrepancies will be the subject of further investigation.

As a conclusion, it can be stated that the k_0-method is capable of fulfilling its role as an experimentally simple, versatile, accurate and computer-assisted standardization method in RNAA.

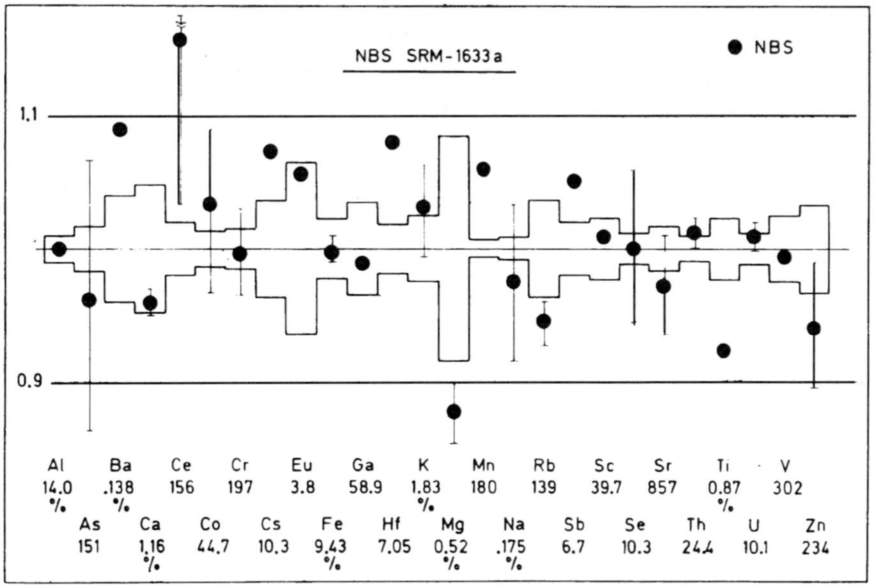

Fig. 2. NBS SRM-1633a

Ratio of NBS-concentration data (NBS-certified: with $\pm 3\sigma$ error bars) to overall KFKI/INW results ($\pm 1\sigma$ uncertainty). KFKI/INW results in ppm, unless otherwise stated

Isotopenpraxis 20 (1984) 6, S. 227–229

Multielementanalyse galvanischer Schichten mit der niederenergetischen PIXE*)

W. Frank, M. Lenk, V. Rößiger

(Zentralinstitut für Isotopen- und Strahlenforschung der AdW)¹)

Zur Multielementanalyse galvanischer Überzüge und Oberflächenkontaminationen eignet sich die PIXE-Methode mit geringen Einschußenergien ($E_p \leqq 360$ keV). Als untere Nachweisgrenze für Oberflächenbelegungen z.B. auf Kupfer erreicht man unter Routinebedingungen etwa 10^{14} at/cm² für leichte Elemente ($12 \leqq Z \leqq 20$), wenn man deren K-Strahlung nachweist. Bei schwereren Elementen ($Z > 32$) ergibt sich unter Ausnutzung der L-Strahlung ein Wert von etwa $3 \cdot 10^{14}$ at/cm². Die Genauigkeit der ermittelten Elementbelegungen ist ca. 15%.

The PIXE-method with low impact energies ($E_p \leqq 360$ keV) was used for multielement analysis of galvanic coatings and surface contaminations. Investigating contaminations of light elements ($12 \leqq Z \leqq 20$) on a copper substrate a detection limit of about 10^{14} at/cm² was derived using the K-series of the elements in question. For heavier elements ($Z > 32$) a detection limit of the order of magnitude of $3 \cdot 10^{14}$ at/cm² is reached if the L-X-rays are detected. The accuracy of the obtained results is better than 15%.

Keywords

electrochemical coating; electrostatic accelerators; multi-element analysis; nondestructive analysis; proton probes; X-ray emission analysis

Einleitung

Zur Kontrolle und Steuerung galvanotechnischer Prozesse ist es erforderlich, Verunreinigungen oder sonstige Elementbelegungen auf galvanischen Überzügen oder auch die Elementzusammensetzung dünnster Oberflächenschichten quantitativ zu bestimmen. Dabei soll die Analysenmethode zerstörungsfrei sein.

Für solche Aufgabenstellungen ist die teilcheninduzierte Röntgenstrahlungsemission (PIXE) besonders geeignet. Das Wirkprinzip dieser Technik besteht darin, daß mittels beschleunigter geladener Teilchen – üblicherweise Protonen – die charakteristische Röntgenstrahlung der Elemente der Probe angeregt und anschließend mit Halbleiterdetektoren registriert wird. Die Intensität der Röntgenstrahlung des interessierenden Elements ist dann ein direktes Maß für seine Konzentration (zur Übersicht siehe z.B. [1]).

Für die Routineanalytik hat die PIXE-Methode gegenüber vergleichbaren Techniken der Oberflächenanalytik – wie der Elektronensonde oder der Augerelektronenspektroskopie – den Vorteil, daß sie standardfrei arbeitet, da im allgemeinen die dafür benötigten Röntgenproduktionsquerschnitte gut bekannt sind. Weitere Spezifika sind die gute Elementauflösung, die ziemlich universelle Anwendbarkeit (es wird jedes Element nachgewiesen, dessen charakteristische Röntgenstrahlung angeregt wird und detektierbar ist) und schließlich auch eine gewisse Tiefenauflösung [2].

Üblicherweise werden PIXE-Messungen an Beschleunigern durchgeführt, die Teilchenenergien im MeV-Gebiet (1 ... 4 MeV) liefern. Für die oben dargestellte Aufgabenstellung ist es jedoch vorteilhaft, mit niedrigen (< 400 keV) Protonenenergien zu arbeiten, da wegen der geringen Eindringtiefe der Teilchen nur die äußersten und hier interessierenden Oberflächenschichten erfaßt werden. Somit erfolgt nur eine relativ geringe Anregung des Unterlagenmaterials. Im folgenden werden einige Ergebnisse solcher Untersuchungen vorgestellt und diskutiert.

Ergebnisse und Diskussion

Die Standardfreiheit der PIXE-Technik setzt voraus, daß die Vakanzerzeugungsquerschnitte im betrachteten Energie- und Ordnungszahlgebiet mit guter Genauigkeit bekannt sind. Zur Bestimmung der absoluten Intensitäten der charakteristischen Röntgenstrahlung wurden in dieser Arbeit Ionisationsquerschnitte herangezogen, die nach der Theorie von *Brandt* und *Lapicki* [3] berechnet worden sind. Die exakte numerische Bestimmung der Impuls- und Energieübertragsintegrale ist dabei von besonderer Bedeutung. In Abb. 1 sind die Quotienten aus experimentellen

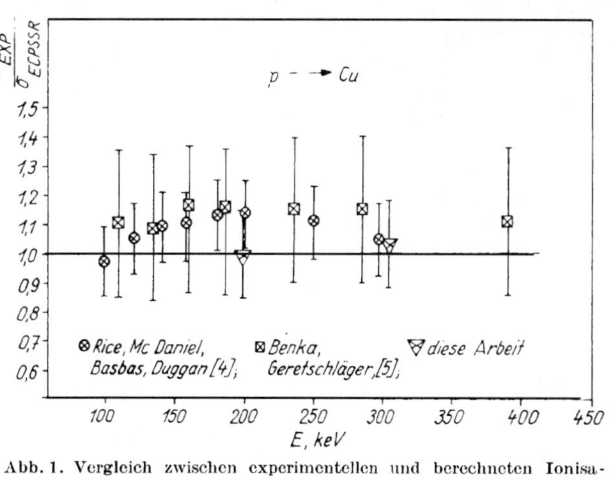

Abb. 1. Vergleich zwischen experimentellen und berechneten Ionisationsquerschnitten für Cu bei Protonenbeschuß (100 keV $\leqq E_p \leqq$ 390 keV)

*) Vortrag auf der 3. Tagung „Nukleare Analysenverfahren", Dresden 11.–15. 4. 1983

¹) Anschrift: 7050 Leipzig, Permoserstr. 15

und berechneten Querschnitten für Kupfer im hier interessierenden Energiebereich aufgetragen. Die Abweichungen zwischen Theorie und Experiment liegen in der Größenordnung der Meßfehler, was für die gute theoretische Beschreibung der Inner-Shell-Ionisationseffekte spricht.

Es soll nun auf die unter unseren experimentellen Bedingungen (niedrige Energien) erzielbare Nachweisempfindlichkeit eingegangen werden. Sie wird durch die Intensitäten der emittierten Röntgenstrahlung und durch die Intensität des Strahlungsuntergrundes bestimmt. Als gerade noch nachweisbar wird ein Peak im Röntgenspektrum dann angesehen, wenn seine Intensität die dreifache Standardabweichung der statistischen Schwankung des Untergrundes (unter einer Halbwertsbreite des Peaks) übersteigt.

Aus dieser Definition ergibt sich die Nachweisgrenze x_{min} (Dimension at/cm²) für Kontaminationen bzw. oberflächennahe Schichten bei Detektion der K-Strahlung des $i$ten Elements entsprechend [6] zu

$$x_{min} = \frac{3 \cdot \cos\alpha}{\varepsilon \cdot N \cdot \sigma_K(i) \cdot F_i(K_\alpha)} \cdot \sqrt{Y_u}$$

mit

Y_u – gemessene Anzahl von Untergrundimpulsen, summiert über eine Halbwertsbreite des Peaks

N – Projektilzahl

ε – totale Effektivität der Meßanordnung

$\sigma_K(i)$ – K-Schalen-Ionisationsquerschnitt

$F_i(K_\alpha)$ – Produkt aus Fluoreszenzausbeute und relativer Emissionswahrscheinlichkeit eines K_α-Röntgenquants

α – Winkel zwischen Targetnormale und Teilchenstrahl.

In Abb. 2 sind für ein typisches Beispiel unter Routinemeßbedingungen (300 keV Protonen, Ladung = 50 µC (Meßzeit ca. 5 min), Si(Li)-Detektor) die kleinsten nachweisbaren Oberflächenbelegungen auf Kupfer dargestellt. Die rechte Kurve gibt x_{min} für die Detektion der L-Strahlung, die linke für die der K-Strahlung an. Letztere sei kurz diskutiert. Das Maximum der Nachweisempfindlichkeit bei etwa $Z = 17$ resultiert einmal daraus, daß bei konstanter Inzidenzenergie die Ionisationsquerschnitte σ_K

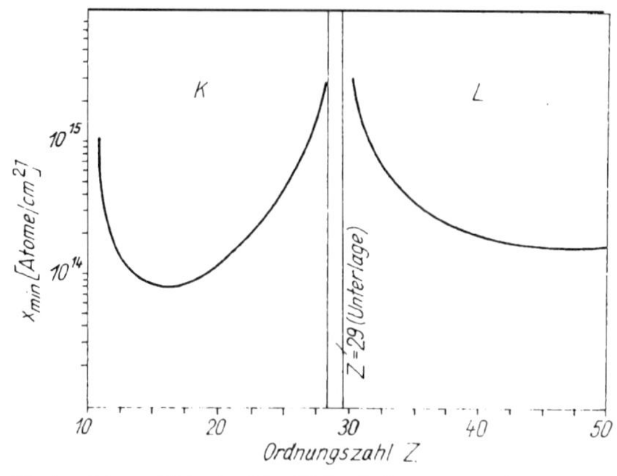

Abb. 2. Nachweisbare kleinste Oberflächenbelegungen auf Cu für die Detektion der K- bzw. L-Strahlung. Diese Nachweisgrenzen gelten unter Routinebedingungen (siehe Text).

mit steigender Ordnungszahl kleiner werden und zum anderen mit sinkender Ordnungszahl die Absorption der Röntgenstrahlung erheblich zunimmt (Strahlungsschwächung durch Fenstermaterialien sowie Luftstrecke). Aus dem dargestellten Zusammenhang zwischen x_{min} und der Ordnungszahl Z des zu analysierenden Elements entnimmt man, daß für den Nachweis leichter Elemente $12 \lesssim Z \lesssim 20$ auf schwerer Matrix ($Z = 29$) eine Empfindlichkeit von etwa 10^{14} at/cm² erzielt wird.

Diese Nachweisgrenze läßt sich verbessern, wenn die Meßbedingungen geändert werden. So erhöht sich mit der Sammlung einer größeren Ladung (Erhöhung der Meßzeit) oder durch eine günstigere Geometrie die Nachweisempfindlichkeit.

Ein Vergleich mit der PIXE-Technik im üblichen MeV-Energiegebiet [6] zeigt, daß zumindest für leichte Elemente kleinere Energien durchaus Vorteile besitzen und daß eine Spurenanalytik der Oberflächen möglich ist.

Schließlich sollen einige Anwendungsbeispiele vorgestellt werden. In Abb. 3 ist ein typisches Röntgenspektrum einer PIXE-Messung dargestellt. Es wurde eine galvanisch abgeschiedene Kupferfolie für die Leiterplattenherstellung mit 300 keV Protonen bestrahlt. Die PIXE-Analyse sollte

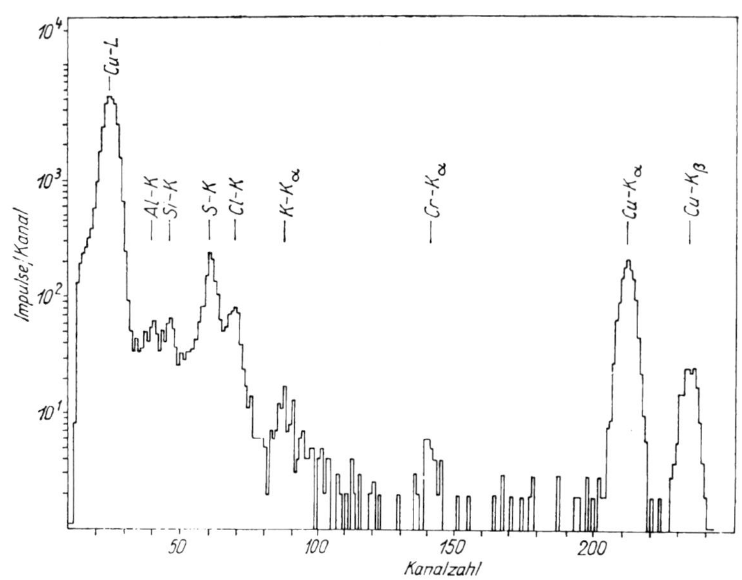

Abb. 3. Röntgenspektrum einer chromatierten Kupferfolie (E_p = 300 keV, Meßzeit 2 min)

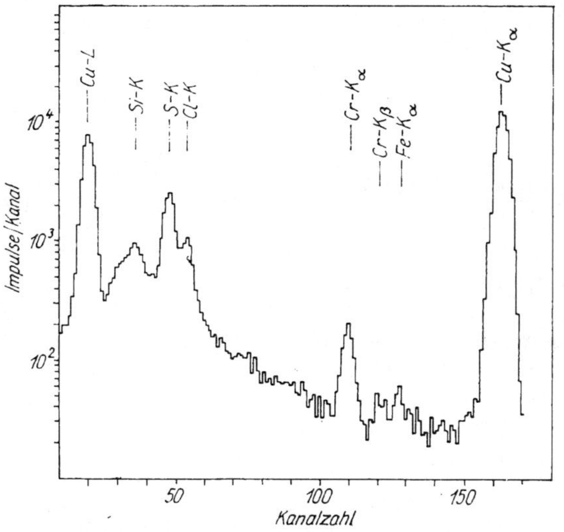

Abb. 4. Röntgenspektrum einer chromatierten Kupferfolie (E_p = 300 keV, Meßzeit 5 min)

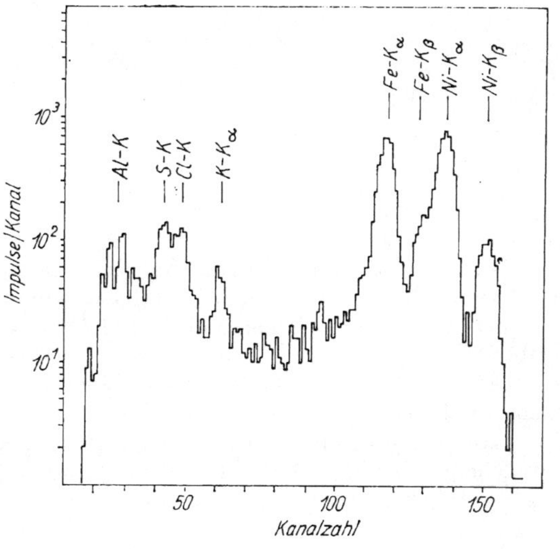

Abb. 5. Röntgenspektrum einer Ni/Fe-Legierungsschicht (E_p = 325 keV, Meßzeit 20 sec)

die Oberflächenkontaminationen durch die galvanische Behandlung und infolge von Umwelteinflüssen (insbesondere S, Cl, Cr) sichtbar machen. Es sind deutlich die Röntgenlinien der entsprechenden Elemente sichtbar. Ein ähnliches Spektrum zeigt Abb. 4. Die Meßbedingungen sind analog zu der Probe aus Abb. 3, lediglich die galvanische Behandlung wurde geändert. Die quantitative Auswertung ergab hier:

$2{,}2 \cdot 10^{15}$ at/cm² S
$1{,}5 \cdot 10^{15}$ at/cm² Cl
$3{,}6 \cdot 10^{15}$ at/cm² Cr
$1{,}2 \cdot 10^{15}$ at/cm² Fe

Die Fehler wegen experimenteller und theoretischer Unsicherheiten liegen bei 20%.

Eine andere Aufgabenstellung lag der Messung, deren Röntgenspektrum in Abb. 5 gezeigt ist, zugrunde. Es galt, das Ni/Fe-Konzentrationsverhältnis an der Oberfläche einer galvanisch abgeschiedenen Legierungsschicht zu bestimmen. Im dargestellten Spektrum sind die Ni- und Fe-Linien als auch die Linien von Elementen, die von Oberflächenverunreinigungen stammen, zu sehen.

Die quantitative Auswertung ergab 19% Fe und 81% Ni an der Oberfläche.

Schlußfolgerungen

Die Möglichkeit des Einsatzes der PIXE-Methode bei niedrigen Energien zur Lösung spezieller Analysenprobleme wurde an Hand der Oberflächenanalytik leichter Elemente auf einer Cu-Matrix bzw. der Elementbestimmung von Ni und Fe in oberflächennahen Schichten eines Legierungsüberzugs demonstriert. Es werden Nachweisgrenzen in der Größenordnung von $10^{14} \ldots 10^{15}$ at/cm² erreicht, wobei aber zu beachten ist, daß mögliche Überlappungen von K- und L- und u. U. sogar M-Strahlungskomponenten bestimmte Analysen erschweren oder sogar verhindern können. Diese Einschränkung ändert aber nichts daran, daß die niederenergetische PIXE eine für viele Anwendungsprobleme geeignete Methode zur zerstörungsfreien Multielementanalyse dünner Schichten und Oberflächen ist.

Eingegangen am 4. 7. 1983

Literatur

[1] *S. A. E. Johannson, T. B. Johannson*, Nucl. Instr. Meth. **137** (1976) 473
[2] *M. Lenk, V. Rößiger*, Isotopenpraxis **20** (1094) 230
[3] *W. Brandt, G. Lapicki*, Phys. Rev. A **20** (1979) 465
[4] *R. K. Rice, F. D. McDanile, G. Basbas, J. L. Duggan*, Phys. Rev. A **24** (1981) 758
[5] *O. Benka, M. Geretschläger*, J. Phys. **B9** (1980) 3223
[6] *R. Mann, C. Bauer, P. Gippner, W. Rudolph*, J. Radioanal. Chem. **50** (1979) 217

Isotopenpraxis 20 (1984) 6, S. 230–232

PIXE-Tiefenprofilmessungen von galvanischen Überzügen

M. Lenk, V. Rößiger

(Zentralinstitut für Isotopen- und Strahlenforschung der AdW)[1])

Die PIXE-Technik wird zur Tiefenprofilmessung von galvanisch abgeschiedenen Messingüberzügen eingesetzt. Mit Hilfe eines elektrostatischen Beschleunigers, der Protonenenergien $E = 100 \ldots 360$ keV liefert, läßt sich ein Oberflächenbereich von etwa 1 µm untersuchen. Da die Röntgenstrahlungsproduktion nicht sehr empfindlich von der Tiefe abhängt, können maximal 3 bis 4 freie Parameter einer Modellfunktion für das Tiefenprofil bestimmt werden. Die PIXE-Technik arbeitet standardfrei.

The PIXE-technique is utilized in depth profiling of galvanic brass coatings on steel wire. Applying protons with energies $E = 100 \cdots 360$ keV from a small electrostatic accelerator the surface region up to about 1 µm may be investigated. Unfortunately, the process of X-ray excitation is not very sensitive with respect to the depth distribution of the elements. Hence, only a poor depth resolution is reached. Maximum 3 or 4 free parameters of a model function of the depth profile may be determined. The PIXE-profiling technique needs no standards.

Keywords

brass; depth; electrochemical coating; nondestructive analysis; proton probes; spatial distribution; X-ray emission analysis

Einführung

Die zerstörungsfreie Tiefenprofilanalyse mit Hilfe der teilcheninduzierten Röntgenstrahlungsemission (PIXE) ist eine bekannte und für viele Zwecke vorteilhafte Methode [1–4]. Sie sollte aber stets nur dort angewandt werden, wo ihr Nachteil einer nur geringen Tiefenauflösung durch die Vorteile gegenüber den anderen Techniken der Tiefenprofilanalyse (Sputtertechniken, *Rutherford*-Rückstreuung, Kernreaktionen) aufgewogen wird. Diese bestehen darin, daß es sich um eine vergleichsweise universelle und um eine zerstörungsfreie Methode handelt. Sie funktioniert für alle diejenigen Elemente, deren Röntgenstrahlung detektiert werden kann. Mit den heute üblichen Si(Li)-Detektoren lassen sich praktisch für alle Elemente ab etwa Natrium Tiefenprofile aufnehmen, wobei der Tiefenbereich durch die maximale Reichweite der ionisierenden Teilchen bestimmt wird.

Von gewisser Bedeutung ist die Tatsache, daß mit einer gut geeichten Apparatur die Elementkonzentrationen ohne Zuhilfenahme von Standards ermittelt werden können.

Problemstellung

Diese Arbeit berichtet über die Anwendung der PIXE-Tiefenprofilmeßtechnik zur Charakterisierung von galvanischen Messingüberzügen auf Stahldraht. Es handelt sich dabei um ein Beispiel, bei dem die *Rutherford*-Rückstreuung oder auch Kernreaktionen nicht anwendbar sind. Auch die Augerelektronenspektroskopie in Verbindung mit Schichtabtrag durch Sputtern stellt keine Alternative dar. Einmal sind wegen der winkel- und konzentrationsabhängigen Sputterraten umfangreiche komplizierte Korrekturen nötig [5]; zum anderen ergeben sich wegen der bei technischen Proben immer vorliegenden Oberflächenrauhigkeit und auch wegen der unvermeidlichen Verunreinigungen letztlich undefinierte Verhältnisse beim Sputtern.

Die Dicke und die mittlere Zusammensetzung der hier betrachteten Messingschicht läßt sich recht einfach mit Hilfe der Röntgenfluoreszenzanalyse (RFA) ermitteln. Darüber hinaus ist es aber für die Entwicklung neuer galvanischer Verfahren notwendig, die Messingzusammensetzung als Funktion der Tiefe zu kennen. Es interessiert dabei naturgemäß besonders das Cu/Zn-Verhältnis an der Oberfläche bzw. im oberflächennahen Bereich (ca. 1000 Å). Der gesamte Überzug ist etwa 0,2 ... 2 µm dick.

Diskussion der Methodik und Ergebnisse

Der Tiefenprofilmessung mit PIXE liegt die Idee zugrunde, z.B. mit Hilfe der Energievariation der anregenden Teilchen die Röntgenproduktion über die Tiefe hin (möglichst stark) zu modifizieren, um so zu einer Art „Abtastung" des interessierenden Konzentrationsverlaufes zu gelangen. Hier geschieht das in folgender Weise:

Ein gegen den Drahtdurchmesser breiter Protonenstrahl mit der Energie E_0 (100 ... 360 keV) regt die Probe über eine Länge von wenigen Millimetern zur Röntgenstrahlungsemission an. Abb. 1 zeigt ein typisches Spektrum: Neben den eigentlich interessierenden Linien der Cu–K- und Zn–K-Strahlung erkennt man deutlich die Anzeichen von Verunreinigungen auf der Oberfläche (S, Cl, K, Ca, Fe).

Es ist nun möglich, aus der Energieabhängigkeit des Intensitätsverhältnisses von Cu–K_α- zu Zn–K_α-Strahlung

$$g(E_0) = \frac{Y_{\text{Cu-K}_\alpha}(E_0)}{Y_{\text{Zn-K}_\alpha}(E_0)}$$

das gesuchte Tiefenprofil $c(x)$ zu ermitteln. Hierbei sei c vereinbarungsgemäß der Zinkgehalt (Dimension at/at) und x der Abstand zur Oberfläche (Dimension at/cm²). Das heißt, daß die Röntgenstrahlungsproduktion infolge Teilchenanregung einen Abbildungsmechanismus repräsen-

*) Vortrag auf der 3. Tagung „Nukleare Analysenverfahren" Dresden, 11–15. 4. 1983

[1]) Anschrift: 7050 Leipzig, Permoserstr. 15

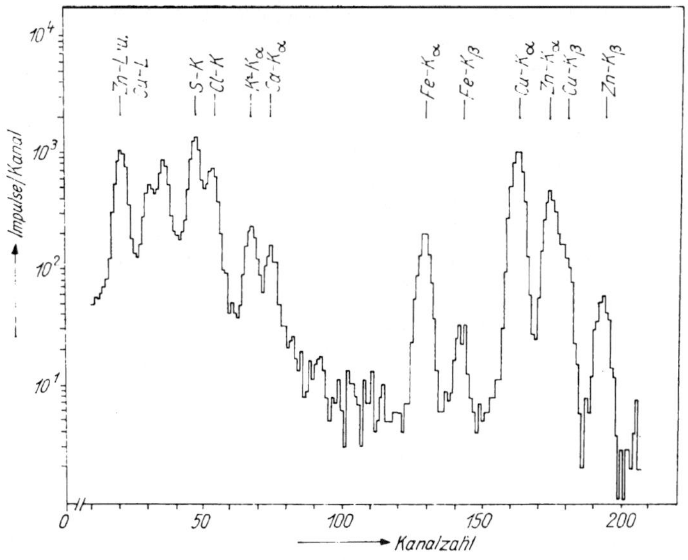

Abb. 1. Spektrum der protoneninduzierten Röntgenstrahlung einer messingbeschichteten Stahldrahtprobe (E_0 = 320 keV) Man beachte, daß wegen der hohen Nachweisempfindlichkeit für leichte Elemente [7] schon Monolagen zu großen Signalen führen

tiert, der das gesuchte Profil $c(x)$ in die meßbare Abhängigkeit $g(E_0)$ transformiert.

Das eigentliche Problem der Tiefenprofilmessung mit PIXE besteht nun darin, die entsprechende Rücktransformation ($g(E_0) \rightarrow c(x)$) zu bewerkstelligen. Prinzipiell geschieht das, indem man für ein fiktives Tiefenprofil $c'(x)$ mit Hilfe eines physikalischen Modells der Röntgenstrahlungsproduktion die zugehörige Abhängigkeit $g'(E_0)$ berechnet und dann $c'(x)$ so verändert, bis das zugehörige $g'(E_0)$ bestmöglich mit dem gemessenen Verlauf übereinstimmt. Dazu ist es notwendig, das Profil durch eine geeignete Modellfunktion mit freien Parametern zu approximieren, deren Werte mittels einer numerischen Prozedur zu bestimmen sind.

Es muß jedoch beachtet werden, daß jeder konkrete Ansatz bereits eine gewisse Willkür darstellt, da er schließlich der Rahmen der Darstellung einer Lösung des Problems ist. Wenn keine begründete Annahme über die Form des Tiefenprofils vorliegt, sollte ein möglichst „offenes" Modell gewählt werden, etwa eine Stufenfunktion. Sinnvoll ist es, unterschiedliche Typen von Ansätzen zu testen, wobei auch die Aussagemöglichkeiten und Grenzen des Verfahrens deutlich hervortreten [6]. Auf weitere Fragen der zugrunde liegenden Methodik, die in ihren wesentlichen Bestandteilen dem Vorgehen in [4] entspricht, soll an dieser Stelle nicht eingegangen werden. Es sind aber diejenigen Punkte genauer zu betrachten, die überhaupt erst eine Profilanalyse ermöglichen und die letztlich auch ihre Genauigkeit bestimmen. Das sind erstens die genaue theoretische Beschreibung der Röntgenstrahlungsproduktion für das vorliegende System (Messing auf Draht) und zweitens die präzise Messung des Intensitätsverhältnisses g als Funktion der Einschußenergie E_0 der Protonen. Bedeutsam ist, daß die Abhängigkeit $g(E_0)$, bedingt durch die Physik der Teilchenbremsung und der Vakanzbildung, nur relativ unempfindlich vom Tiefenprofil $c(x)$ abhängt. Das heißt, daß selbst bei optimalen experimentellen Möglichkeiten (geringe Meßfehler) und bei einer sorgfältigen Formulierung des Anregungsmechanismus sich das gesuchte Profil nur relativ grob bestimmen läßt.

Deshalb soll von Anfang an als Ansatz für $c(x)$ lediglich eine Stufenfunktion mit drei Abschnitten betrachtet

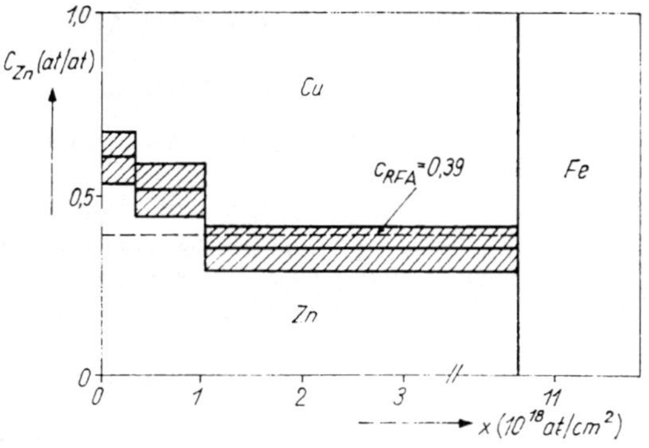

Abb. 2. Ergebnis der Tiefenprofilbestimmung einer messingbeschichteten Stahldrahtprobe für einen speziellen Ansatz (vgl. Text)

werden, in denen die Zinkkonzentration jeweils konstant ist. Die Beschränkung auf drei Freiheitsgrade resultiert aus Erfahrungen früherer Arbeiten [2–4], wonach mehr freie Parameter in der Modellfunktion keinen weiteren Informationsgewinn bringen. Die Stufenbreite (vgl. Abb. 2) wurde so gewählt, daß jede Stufenhöhe (Konzentration) mit gleichem Fehler bestimmt werden konnte. Oder mit anderen Worten: Da der oberflächennähere Bereich sich jeweils empfindlicher auf den Verlauf von $g(E_0)$ auswirkt, ist er kleiner. Der 3. Bereich umfaßt bei der Probe in Abb. 2 die gesamte Schicht ab $1{,}05 \cdot 10^{18}$ at/cm² (ca. 0,15 µm). Es ist dabei klar, daß wegen der geringen Reichweite der verwendeten Protonen über tiefer liegende Bereiche (Größenordnung 1 µm) keine Aussage möglich ist, wenn auch die ganze Schicht formal in die Ansatzfunktion einbegriffen ist. Hier erscheint eine Stufenfunktion in dieser speziellen Form gerechtfertigt, da offenbar (bedingt durch das galvanische Verfahren) ein im wesentlichen konstanter Verlauf vorliegt, wie die gute Übereinstimmung mit dem Wert der mittleren Zinkkonzentration aus der RFA-Messung zeigt. Für den eigentlich interessierenden Konzentrationsverlauf an der Oberfläche ist das Verfahren recht empfindlich. Eine detaillierte Betrachtung des Einflusses der theoretischen Beschreibung der Röntgenanregung auf das Resultat der Tiefenprofilmessung [8] zeigt, daß vor allem die Energieabhängigkeit der Cu- und Zn-K-Ionisationsquerschnitte eine bedeutende Rolle spielt. Sie bestimmen die Hauptunsicherheit der Tiefenprofilaussage, mehr noch als die unter Routinebedingungen auftretenden experimentellen Fehler. Es wurde deshalb großer Wert auf die möglichst exakte Berechnung dieser Größen gelegt [7], die dann in analytischer Form in die Auswerteprozedur eingehen. Demgegenüber spielen die Vorgänge der Teilchenbremsung einschließlich des Energiestraggling eine geringere Rolle, wie Testrechnungen für das vorliegende System zeigen [8]. Aus ihnen folgt beispielsweise auch, daß der Enhancementeffekt (Zn–K_β regt die Cu–K-Strahlung an) zu vernachlässigen ist. Nach derartigen Abschätzungen liegen die Fehler der Tiefenprofilmessung, bedingt sowohl durch theoretische als auch experimentelle Unsicherheiten, bei etwa $\pm 6\%$ für jeden der drei Konzentrationswerte der benutzten Ansatzfunktion. In diesem Sinne sind die Fehlerbereiche in Abb. 2 zu verstehen.

Abschließend sei bemerkt, daß zu Testzwecken eine homogene Messingprobe gemessen wurde. Mit der gleichen Auswerteprozedur, bis auf die beim Draht notwendige Winkelmittelung, ergab sich innerhalb der Fehlergrenze eine konstante Profilfunktion, was die ordnungsgemäße Arbeitsweise des Verfahrens bestätigt.

Eingegangen am 4. 7. 1983

Literatur

[1] *L. C. Feldman, P. J. Silverman*, in "Ion Beam Surface Layer Analysis", hrsg. v. *O. Meyer, G. Linker, F. Käppeler*. New York: Plenum Press 1976

[2] *O. Benka, M. Geretschläger, H. Paul*, Nucl. Instr. Meth. **142** (1977) 83

[3] *J. Vegh, D. Berenyi, E. Koltay, I. Kiss, S. Seif El-Nasr, L. Sarkadi*, Nucl. Instr. Meth. **153** (1978) 553

[4] *V. Rößiger*, Nucl. Instr. Meth. **196** (1982) 483

[5] *G. Haemers*, Firmenschrift Bekaert (Belgien), 1977

[6] *V. Rößiger*, ZfI-Mitteilungen **52** (1982) 5

[7] *W. Frank, M. Lenk, V. Rößiger*, Isotopenpraxis **20** (1984) 227

[8] *V. Rößiger, M. Lenk*, Veröffentlichung in Vorbereitung

Isotopenpraxis **20** (1984) 6, S. 232 – 234

Применение малогабаритного ускорителя дейтронов для экспрессного активационного анализа*)

Ю. И. Бондаренко, А. Б. Медведев, В. С. Руденко

(Всесоюзный научно-исследовательский институт неорганических материалов, Москва, СССР)

Рассмотрены возможности использования автоматизированного комплекса на базе малогабаритного линейного ускорителя дейтронов на энергию 3 МэВ для проведения экспрессного активационного анализа. При конвертировании пучка дейтронов на бериллиевой мишени возможно проводить эксперссное нейтронно-активационное определение содержания фтора, алюминия, кремния в объёме образца. Нижние пределы обнаружения элементов при активации дейтронами и нейтронами находятся в интервале $10^{-3} \div 10^{-5}$ %, среднее время анализа составляет менее 10 мин.

The application of an automatic system for activation analysis on the base of a 3 MeV-LINAC for deuterons for fast analysis is shown. By a beryllium target produced neutrons are applied to the determination of fluor, aluminium and silicon in the volume of the samples. Contents between 10^{-3}—10^{-5} % are determined within 10 min.

Keywords

activation analysis; aluminium; deuterons; fluorine; linear accelerators; silicium

Введение

Активационный анализ на заряженных частицах является одним из высокочувствительных методов аналитической химии при определении прежде всего легких элементов: углерода, азота, кислорода, фтора и других элементов [1]. Особенно привлекательно использование для облучения пучков частиц небольшой энергии (несколько мегаэлектроновольт), что позволяет проводить анализ инструментальным способом и наряду с высокой чувствительностью достигать высокой экспрессности. Кроме того небольшая энергия позволяет малогабаритный компактный ускоритель, на базе которого может быть создана автоматизированная лабораторная установка для выполнения экспресс-анализа материалов. Другим перспективным направлением применения ускорителя с малой энергией является использование его в качестве интенсивного источника нейтронов, получаемых, например, по реакции $^{9}Be(\alpha,n)^{10}B$. В этом случае удается анализировать содержание определяемого элемента как в небольшой области или на поверхности при активации заряженными частицами, как и во всем объёме образца при активации нейтронами.

В данной работе рассмотрены возможности применения автоматизированного комплекса на базе малогабаритного линейного ускорителя дейтронов с энергией 3 МэВ для инструментального экспрессного активационного анализа различных материалов.

Экспериментальная часть

Основные трудности анализов по короткоживущим нуклидам при активации заряженными частицами связаны с необходимостью быстрого вывода образца из вакуума и доставкой его к позиции измерения. В настоящих измерениях использовали малогабаритный линейный ускоритель дейтронов на энергию 3 МэВ [2], соединенный с автоматизированной установкой ,,Антрацит'' [3]. Установка состоит из транспортного устройства для доставки образцов к мишенной камере

*) Vortrag auf der 3. Tagung ,,Nukleare Analysenverfahren'' Dresden 11.–15. 4. 1983

Табл. 1. Характеристики ядерных реакций, используемые для определения элементов по короткоживущим радионуклидам

Элемент	Реакция	$T_{1/2}$	E_γ МэВ	Нижний предел обнаружения*) %
		активация дейтронами		
C	$^{12}C(d,n)^{13}N$	10 мин	0,51	$2 \cdot 10^{-7}$
N	$^{14}N(d,n)^{15}O$	2 мин	0,51	$8 \cdot 10^{-7}$
	$^{15}N(d,p)^{16}N$	7,1 с	6,13 7,11	$1,3 \cdot 10^{-6}$
O	$^{16}O(d,n)^{17}F$	1,1 мин	0,51	$6 \cdot 10^{-7}$
	$^{18}O(d,\alpha)^{16}N$	7,1 с	6,13 7,11	$2 \cdot 10^{-5}$
F	$^{19}F(d,p)^{20}F$	11 с	1,63	$5 \cdot 10^{-6}$
Al	$^{27}Al(d,p)^{28}Al$	2,2 мин	1,78	$2 \cdot 10^{-6}$
		активация нейтронами		
F	$^{19}F(n,p)^{19}O$	26,9 с	0,197	$1 \cdot 10^{-2}$
	$^{19}F(n,\alpha)^{16}N$	7,1 с	6,13 7,11	$1 \cdot 10^{-3}$
Al	$^{27}Al(n,p)^{27}Mg$	9,46 мин	0,843 1,014	$3 \cdot 10^{-3}$
	$^{27}Al(n,\gamma)^{28}Al$	2,2 мин	1,78	$5 \cdot 10^{-4}$
Si	$^{28}Si(n,p)^{28}Al$	2,2 мин	1,78	$2 \cdot 10^{-3}$

*) Значения приведены к току 1 мкА.

и после облучения на позицию измерения, сцинтилляционного спектрометра гамма-гамма совпадений на основе двух сцинтиблоков NaI(Tl) размером 150 × 100 мм, электронных блоков и блоков управления. В мишенную камеру дополнительно был встроен цилиндр Фарадея. Все режимы работы установки (транспортировка, загрузка, вывод из камеры, измерения) автоматизированы. Минимальное время вывода образца из камеры облучения и транспортировки к детекторам составляет 10 с. Время, затрачиваемое на ввод образца в камеру облучения (транспортирование, шлюзование) —100 с.

Облучение образцов проводили на ускорителе МЛУД-3, который имеет следующие параметры: энергия ускоренных дейтронов —3 МэВ; энергия инжекции —150 кэВ; ток ускоренных дейтронов —250 мкА в импульсе; длительность импульса —200 мкс; частота —10 Гц; средний ток ускоренных дейтронов составляет 0,1÷0,3 мкА.

Для облучения дейтронами анализируемые образцы изготавливались в виде дисков ⌀ 20 × 2 мм. При активации нейтронами камеру заменяли узлом с бериллиевой мишенью. Пробы помещали в полиэтиленовые контейнеры размером ⌀ 18 × 40 мм. Транспортировку образцов осуществляли по гибкому полиэтиленовому пневмопроводу. Время доставки к измерительному блоку облучения на основе кристалла NaI(Tl) размером 150 × 150 мм с колодцем составляет 2 с.

Результаты

В табл. 1 представлены характеристики ядерных реакций и пределы обнаружения для наиболее распространенных элементов, которые удается определять при активации ускоренными дейтронами или потоком нейтронов, образующихся по реакции $^{9}Be(\alpha, n)^{10}B$.

Значения нижних пределов получены при условии $t_{обл} = t_{изм} = T_{1/2}$ и $N_{мин} = 3\sqrt{N_\varphi}$, где N_φ-фон в области измерения, средний ток при облучении составлял 0,1—0,3 мкА.

Обсуждение результатов

Как видно из табл. 1, периоды полураспада большинства образующихся радионуклидов не превышают 10 мин, что позволяет проводить экспрессный анализ. Например, одновременное определение содержания углерода, азота и кислорода в поверхностных слоях образцов удается проводить путём регистрации аннигиляционного излучения радионуклидов ^{13}N, ^{15}O и ^{17}F, которые образуются в результате (α, n)-реакций соответственно на указанных элементах при времени облучения образца 4 мин [4].

Одновременное определение содержания фтора и алюминия по наведенной активности короткоживущих нуклидов ^{20}F и ^{28}Al, образующихся по (a, p)-реакциям при облучении дейтронами, возможно выполнять при времени облучения и измерения равными всего 30 с. В обоих случаях пределы обнаружения элементов довольно низкие (см. табл.), то есть анализ выполняется экспрессно и с высокой чувствительностью. Экспрессное определение содержания фтора на поверхности образцов при активации дейтронами и в объёме образца при активации нейтронами возможно при использовании реакций (α, p) и (n, α) на фторе. Методика экспрессного нейтронно-активационного определения содержания фтора изложена в работе [5, 6].

Активация дейтронами с энергией 3 МэВ позволяет определять содержание азота и кислорода с высокой чувствительностью при использовании различных ядерных реакций. Это дает возможность выбирать оптимальные условия анализа при различных соотношениях в образце этих элементов или анализировать изотопный состав, например, содержание изотопов ^{14}N и ^{15}N в образцах.

Автоматизированная система на базе малогабаритного ускорителя дейтронов, позволяющая проводить экспресс-анализ многих важных примесей, может быть использована для широкого круга материалов.

Поступила в редакцию 1/VII, 1983 г.

Литература

[1] *R. Benjamin* et al., Trans. Amer. Nucl. Soc. **9** (1966) 104

[2] *А. И. Баранов*, и др., Вопросы атомной науки и техники. Сер. Физика высоких энергий и атомного ядра вып. 1 (13) (1975) 15

[3] *Б. И. Краснов, О. К. Николаенко, А. С. Штань*, Вопросы атомной науки и техники. Сер. Радиационныя техника вып. 17 (1979) 221

[4] *Ю. И. Бондаренко, В. В. Овечкин, В. С. Руденко*, Сб. „Использование ускорителей в элементном анализе", ФАН, г. Ташкент, 1980, с. 85

[5] *Y. Bondarenko, V. Rudenko*, J. Radioanal. Chem. **52** (1979) 127

[6] *Ю. И. Бондаренко, В. С. Руденко*, Атомная энергия **45** (1978) 456

Isotopenpraxis **20** (1984) 6, S. 234–235

Kurze Originalmitteilungen

Zur Darstellung deuterierter heterocyclischer Fünfringverbindungen vom Typ Furan, Thiophen und Pyrrol durch basenkatalysierten Wasserstoffisotopenaustausch mit Deuteriumoxid

K.-H. Heinrich, M. Herrmann, G. Möbius, H. Sprinz

(Zentralinstitut für Isotopen- und Strahlenforschung der AdW der DDR)[1])

Es wurden verschiedene deuterierte Heterocyclen vom Typ Furan, Thiophen und Pyrrol durch basenkatalysierten Wasserstoffisotopenaustausch mit Deuteriumoxid bei Temperaturen über 423 K im geschlossenen System dargestellt. Die Bestimmung des Deuteriumgehaltes und seine Verteilung im Molekül erfolgte mittels massenspektrometrischer Analyse und ^{1}H-NMR-Spektrometrie.

Several deuterated heterocyclic compounds of the type of furane, thiophene and pyrrole were prepared by base catalyzed proton exchange with deuteriumoxide at temperatures above 423 K in a closed system. The determination of the deuterium and its distribution within the molecules was carried out by mass spectrometry and ^{1}h-nmr spectrometry.

Keywords

catalysis; deuterium compounds; heterocyclic compounds; isotopic exchange; labelled compounds; stable isotopes; synthesis

Deuterierte Heterocyclen und ihre Derivate finden Verwendung als Spezialpräparate zur Aufklärung von Reaktionsmechanismen sowie als perdeuterierte Lösungsmittel in der Spektroskopie. Beispielsweise wird heute Furan-d_4 bereits im Kilogramm-Maßstab als Ausgangsprodukt zur Gewinnung von Tetrahydrofuran-d_8 hergestellt.

Aus der Literatur sind Untersuchungen zum katalysierten Wasserstoffisotopenaustausch an verschiedenen heterocyclischen Verbindungen bekannt. Während die meisten dieser Arbeiten sich mit der Kinetik des Wasserstoffisotopenaustauschs [1–3] beschäftigen, war die Zielstellung der vorliegenden Arbeit, präparativ günstige Austauschverfahren zur Darstellung perdeuterierter und selektiv deuterierter Heterocyclen vom Typ Furan, Thiophen und Pyrrol zu entwickeln.

Zu diesem Zweck wurden Untersuchungen zum basenkatalysierten Wasserstoffisotopenaustausch mit Deuteriumoxid an Furan, Thiophen und Pyrrol, weiterhin an deren methylsubstituierten Analoga sowie an den entsprechenden benzokondensierten Systemen durchgeführt.

Dabei waren die Ermittlung des Gleichgewichtes für den Wasserstoffisotopenaustausch, ohne Berücksichtigung von Isotopieeffekten, die Bestimmung der Deuteriumverteilung

[1]) DDR-7050 Leipzig, Permoserstraße 15

Tab. 1. Versuche zum basenkatalysierten H/D-Austausch an Hetrocyclen des Typs Furan, Thiophen und Pyrrol

Verbindung	Deuteriumverteilung, Atom-% D								Gesamt-D Atom-% D	Positionelle Isotopenanalyse Atom-% D	
	d_0	d_1	d_2	d_3	d_4	d_5	d_6	d_7		2-Stellung	3-Stellung
Furan (d_4)	14,9	32,4	34,2	16,9	1,7				39,6	59 ± 8	0
Thiophen (d_4)	4,8	32,0	63,2						39,6	69 ± 6	0
Pyrrol (d_5)	0,25	2,85	16,7	34,1	33,3	12,8			67,2	64 ± 7	62 ± 7
2-Methylfuran (d_6)	68,0	32,0							5,3	—	—
2-Methylthiophen (d_6)	4,45	36,7	58,85						25,7	76 ± 4	32 ± 12
3-Methylthiophen (d_6)	22,5	77,5							12,9	—	—
Benzo/b/furan (d_6)	81,5	18,5							3,1	—	—
Thionaphthen (d_6)	3,0	97,0							16,2	—	—
Indol (d_7)	0,8	23,7	59,0	16,5					27,3	—	—

sowie Deuteriumanreicherung in den verschiedenen Stellungen des Substratmoleküls mittels massenspektrometrischer Analyse und ^{1}H-NMR-Spektroskopie von Interesse.

Experimentelles

Die Versuche wurden in einem 150 ml Laborhubmischautoklaven (Eigenbau) in flüssiger Phase in Gegenwart von Kaliumcarbonat als Katalysator ausgeführt, wobei die Katalysatorkonzentration 1,25% in Deuteriumoxid betrug. Die Austauschreaktion erfolgte unter Rühren mit einer Hubmischfrequenz von 60 min^{-1} bei Temperaturen über 423 K und einer Reaktionszeit von 10 h.

Die eingesetzte Substanzmenge wurde so gewählt, daß das Verhältnis zum Deuteriumoxid einem H/D-Äquivalentverhältnis von 1:2 entsprach. Bei vollständig ablaufender Reaktion müßte sich demnach eine theoretische Einstellung des Austauschgleichgewichtes zu 66,5 Atom-% D ergeben, ohne Berücksichtigung von Isotopieeffekten. Nach der Austauschreaktion wurde die organische Phase abgetrennt und der Deuteriumgehalt sowie die Deuteriumverteilung mit Hilfe eines Massenspektrometers des Typs VARIAN MAT CH 6 über Direkteinlaß ermittelt. Die Isotopenhäufigkeitsbestimmung erfolgte am Molekülion mit einem Fehler der Einzelmessung von $\pm 0,1\%$. Die positionelle Isotopenanalyse wurde nach Destillation der ausgetauschten Substanzen über eine Vigreuxkolonne an einem 80 MHz ^{1}H-NMR-Spektrometer des Typs BS 487C der Firma TESLA vorgenommen.

Die erhaltenen Ergebnisse für die Reaktionstemperatur von 453 K sind in Tab. 1 aufgeführt.

Diskussion

Die Resultate der Tab. 1 zeigen, daß praktisch alle untersuchten Verbindungen bei erhöhten Temperaturen einem basenkatalysierten H/D-Austausch im geschlossenen System zugänglich sind. Es wurde in Übereinstimmung mit der Literatur [1–3] gefunden, daß auch in den hier ausgewählten Heterocyclen das H-Atom in der 2-Stellung in der Regel bevorzugt austauscht. Eine Ausnahme bildete Pyrrol, bei dem kein bevorzugter H/D-Austausch in der 2-Stellung festzustellen war, denn die psitionelle ^{1}H-NMR-Analyse ergab sowohl für die 2- als auch für die 3-Stellung nahezu gleiche Deuteriumanreicherungen. Letzteres Ergebnis steht mit der mechanistischen Vorstellung im Einklang [4], daß der H/D-Austausch im Pyrrol nicht durch direkte Deprotonierung sondern über ein Pyrrolat-Anion [5] erfolgt.

Aus den in Tab. 1 aufgeführten Ergebnissen ergibt sich folgende Reihenfolge für die Reaktionsfähigkeit des basenkatalysierten H/D-Austauschs bei einer Reaktionstemperatur von 453 K mit Deuteriumoxid:

$$\text{Pyrrole} \gg \text{Thiophene} \geqq \text{Furane}$$

Bei den benzokondensierten Systemen ist eine Deuterierung ausschließlich im Fünfring zu verzeichnen.

Die Einstellung des theoretischen Isotopenaustauschgleichgewichtes (66,5 Atom-% D) für die Reaktionstemperatur von 453 K wurde lediglich beim Pyrrol erreicht; bei Furan und Thiophen lag diese über 500 K.

Die gaschromatographischen Analysen der deuterierten Verbindungen ergaben keine Hinweise auf Zersetzungs- bzw. Hydrolyseprodukte.

Aus den vorliegenden Versuchsergebnissen ergibt sich, daß in Abhängigkeit von der Temperatur selektiv bzw. perdeuterierte Heterocyclen vom Typ Furan, Thiophen und Pyrrol durch basenkatalysierten Wasserstoffisotopenaustausch im geschlossenen System mit Deuteriumoxid relativ einfach dargestellt werden können.

(Eingegangen am 23. 9. 1983)

Literatur

[1] *A. I. Shatenshtein, I. O. Shapiro, J. I. Ranneva, A. G. Kamrad,* Reakts. Sposobnost. Organ. Soedin, Tartusk. Gos. Univ., **1** (1964) 238

[2] *K. Schwetlick, K. Unverferth, R. Meyer,* Z. Chem. **7** (1967) 58

[3] *N. N. Zatsepina, J. L. Kaminski, I. F. Tupitsyn,* Reakts. Sposobnost. Organ. Soedin. **6** (1969) 755

[4] *H. Lettau,* Chemie der Heterocyclen. Leipzig: VEB Dtsch. Verlag für Grundstoffind. 1980, 1. Auflage, S. 213

[5] *N. N. Zatsepina, I. F. Tupitsyn,* Khim. Geterotsikl. Soedin. **12** (1974) 1608

Isotopenpraxis 20 (1984) 6, S. 235–240

Buchbesprechungen

Atmospheric Chemistry
Report of the Dahlem Workshop on Atmospheric Chemistry, Berlin-West 1982, May 2–7

E. D. Goldberg (ed.). Berlin – Heidelberg – New York: Springer 1982; VIII, 385 S., 53 Abb., 30 Tab., 4 Fotografien (Physical and Chemical Sciences Research Report 4); geb. DM 48,– / US $ 19.90

Das Hauptanliegen der Dahlem-Konferenzen (oder vielleicht besser Arbeitstagungen?) ist das Zusammenführen von Wissenschaftlern, die vitale Fragen der Gegenwart diskutieren und in gemeinsam abgefaßten Berichten dazu Stellung beziehen. Dabei müssen die gewählten Tagungsthemen von hoher Aktualität, von internationalem Interesse und problemorientiert sein, was im allgemeinen einen interdisziplinären Charakter impliziert. Die Teilnehmerzahl ist auf 48 Wissenschaftler limitiert.

Der Themenkomplex der atmosphärischen Chemie (manchmal auch einfach Luftchemie genannt) wurde in 4 Teilkomplexe aufgegliedert: wäßrige Chemie in der Atmosphäre (4 Beiträge), Änderungen in der atmosphärischen Zusammensetzung (3 Beiträge), biogene Mitwirkungen zur atmosphärischen Chemie (3 Beiträge) und schließlich die photochemischen Reaktionen der troposphärischen Gase und Aerosole (4 Beiträge). Jeder der 4 Teilkomplexe wurde in einer Art Kommuniqué von einem Berichterstatter zusammenfassend vorgetragen; vielleicht die jeweils wesentlichsten Aussagen, die auf den Dahlem-Konferenzen gemacht werden. Von den teilnehmenden Ländern nehmen die USA (19 Wissenschaftler) und die BRD (17 Wissenschaftler) die Spitzenpositionen ein, gefolgt von England (4 Wissenschaftler), Dänemark, Frankreich und Schweden (je 2 Wissenschaftler) und Italien und Australien (je 1 Wissenschaftler).

Die Atmosphäre ist eines der fluiden Medien, in welche der Hauptteil von Schadstoffen aller Art aus unserem technischen Umgang mit der Natur und aus unserer zivilisatorischen Lebensweise entlassen werden. Daß manche der emittierten Schadstoffe schon die Größenordnungen natürlicher Prozesse erreicht haben, ist bekannt und auch besorgniserregend. Von vielen Schadstoffen sind uns die Quellen und Quellstärken bekannt, obwohl mehr und mehr Beobachtungen gemacht werden, wonach die Biosphäre und die Vulkane für eine Reihe von Spurengasen verantwortlich sind (CH_3Cl, CH_3Br, CH_3J, C_2H_4, CH_3SH, OCS, CS_2, CH_2O, SF_6 u. a.). Zunehmend schwieriger gestalten sich sowohl die analytische Erfassung der Spurengehalte (im pptv-Bereich), als auch das Auffinden von Gebieten, die nach Möglichkeit nicht anthropogen beeinflußt sind (Flug- und Schiffsverkehr über die Ozeane, Ferntransport). In größeren Höhen spielen photochemische Prozesse eine große Rolle, so daß Ionen und Radikalionen verstärkt in die analytische Erfassung und Interpretation einbezogen werden müssen (*F. Arnold*, Heidelberg), beispielsweise $H^+(H_2O)_n$, H^+CH_3CN, NO_3^-, CN^-, CO_3^- u. a., neben der troposphären Verteilung des bedeutsamen OH-Radikals, worüber *P. J. Crutzen* (Mainz) berichtet. Von den Isotopenmethoden werden neue $\delta^{13}C$- und $\Delta^{14}C$-Daten von *M. Stuiver* (Seattle) vorgestellt und diskutiert, wobei die Änderungen der Atmosphäre vergangener Zeiten vor allem in den Baumjahresringen, im Grönland- und im Antarktiseis fixiert sind.

Insgesamt werden 433 Arbeiten zitiert, die zum überragenden Anteil aus den Jahren 1976–1982 (76,7%) stammen (1981–1982 immerhin 31,4%). Neben diesem aufbereiteten Literaturangebot ist die Monographie eine sehr wertvolle und gut dargebotene Stoffsammlung zur atmosphärischen Chemie, eines sich stürmisch entwickelnden Zweiges der Umweltchemie. Sie sollte langsam auch ihren zugeordneten Platz in modernen Lehrbüchern der Chemie finden.

H. Hübner

Optimal Control Methods for Linear Discrete-Time Economic Systems

Y. Murata. Berlin – Heidelberg – New York: Springer 1982. 202 S., 2 Abb.; geb. DM 85,– / US $ 34.00

In dem Buch wird die (sehr gut ausgebaute) Theorie der sog. linear-quadratischen (dynamischen) Optimierung auf ökonomische Modelle von (kapitalistischen) Wirtschaftssystemen geschlossen übertragen und dabei ökonomischen Spezifika besondere Beachtung geschenkt. Als (skalarwertige) Zielfunktionen der Optimierung treten *quadratische* Formen auf, mit denen die Abweichung zwischen den aktuellen Werten von (beobachtbaren) Zustandsvariablen und deren Sollwerten sowie der Aufwand für die eigentliche Steuerung bewertet bzw. kostenmäßig erfaßt werden kann. Die Modellgleichungen der widergespiegelten ökonomischen Systeme fungieren dabei als *lineare* deterministische oder stochastische Restriktionen, wobei deren zeitliche Diskretisierung dem zeitlich diskreten Aufkommen ökonomischer Daten entgegenkommt.

Das Buch ist in 6 Kapitel mit folgender Inhaltscharakterisierung unterteilt: Problemformulierung; Mathematische Grundlagen der linear-quadratischen (dynamischen) Optimierung determinierter Systeme; Zustandsbestimmung in determinierten Systemen; Zustandsbestimmung (mittels Filterung) in stochastischen Systemen; Mathematische Grundlagen der linear-quadratischen (dynamischen) Optimierung stochastischer Systeme; Strategienbildung (Stabilisierung) für ökonomische Systeme.

Die Darstellung des Stoffes ist mathematisch streng und didaktisch eindrucksvoll. Sie setzt gediegene mathematische Grundkenntnisse (Matrizen-, Differenzenrechnung, stochastische Prozesse) voraus, die in dem Buch nicht einmal angedeutet werden, sondern es liefert dafür eine Fülle – analytisch definierbarer – ökonomischer Begriffe und Aussagen, die die ökonomischen Zusammenhänge plastisch für den hervortreten lassen, der gewillt ist, die mathematischen Gedankengänge nachzuvollziehen. Das Buch stellt demzufolge eine gute Einführung (im Sinne einer Vorlesung) für Studenten ökonomischer Fachrichtungen dar. Spezielle Pfade für die Durcharbeitung des Buches werden vom Autor angeboten. Jedes Kapitel schließt mit einem Verzeichnis weiterführender Literatur vorwiegend aus den letzten 10 Jahren bis einschließlich 1981.

Die Geschlossenheit der mathematischen Darstellung durch meist analytisch verifizierbare Formen kann aber leicht darüber hinwegtäuschen, daß die mathematischen Grundlagen (der linear-quadratischen Optimierung) meist nur in speziellen Fällen wirklich vertretbar in der realen Praxis angewendet werden können.

R. Straubel

Analoge integrierte Schaltkreise Operationsverstärker und analoge Multiplizierer

M. Herpy. Moskau: Radio und Nachrichtentechnik 1983. 415 S., zahlr. Abb. u. Tab. (in Russisch); geb. M 11,– / Rub. 2,20

Das vorliegende Buch ist eine Übersetzung der 1980 vom Budapester Verlag Akadémiai Kiadó herausgegebenen englischsprachigen Ausgabe gleichen Titels.

Einleitend wird ein kurzer Überblick über die prinzipiellen Technologien zur Realisierung von bipolaren und unipolaren Transistoren beider Leitfähigkeitstypen, von Dioden, Widerständen und Kondensatoren in analogen integrierten Schaltkreisen gegeben. Von den in übersichtlicher Form (Tabellen) dargestellten und durch die entsprechenden Ersatzschaltbilder ergänzten Vierpolparameter des Transistors ausgehend, erläutert der Autor die grundlegende Arbeitsweise und das Übertragungsverhalten von linearen Verstärkern mit Rückführung. Ausführlich werden an Hand detaillierter Ersatzschaltbilder die Berechnungsgrundlagen für das statische und dynamische Verhalten sowie die Temperaturabhängigkeit der Parameter wichtiger Schaltungselemente der analogen Schaltkreise, wie z.B. *Darlington*-Stufe, Differenzverstärker, Stromquellen und Ausgangsstufen angegeben und ihre Funktion erläutert. Darauf aufbauend werden im folgenden Kapitel der Operationsverstärker, sein Übertragungsverhalten, die verschiedenen Möglichkeiten zur Kompensation der Offsetgrößen und ihrer Drift sowie zur Frequenzkompensation und das Rauschverhalten behandelt. In ausführlicher Weise werden unmittelbar folgend diesbezügliche Parameter und Dimensionierungsangaben zu international verbreiteten Operationsverstärkertypen dargestellt. Ein weiteres umfangreiches Kapitel ist der Behandlung einer Vielzahl wichtiger Anwendungsschaltungen der Operationsverstärker gewidmet. An Hand von Ersatzschaltbildern werden auch hier die Berechnungsgleichungen für das Übertragungsverhalten angegeben und durch Dimensionierungshinweise ergänzt.

In zwei weiteren gesonderten Kapiteln geht der Autor auf die Anwendung von Operationsverstärkern in aktiven RC-Filtern und in analogen Multiplizierern ein. Auch hier wird, durch Ersatzschaltbilder und Berechnungsgleichungen übersichtlich gestaltet und durch vielfältige Tabellen gestrafft, der umfangreiche Stoff gründlich aber doch komprimiert behandelt.

Das vorliegende Buch gibt dem auf dem Gebiet der Anwendung analoger integrierter Schaltkreise Arbeitenden oder Studierenden und damit selbstverständlich auch dem in der Praxis der Isotopentechnik arbeitenden Elektroniker ein ausgezeichnetes Arbeitsmittel in die Hand. Vertiefendes Literaturstudium wird durch ein umfangreiches Literaturverzeichnis angeregt.

H. J. Esche

Erfolgsgeheimnisse der Natur
Synergetik: Die Lehre vom Zusammenwirken

H. Haken. 3. Auflage (Nachdruck). Stuttgart: Deutsche Verlags-Anstalt 1983. 255 S., 126 Abb., geb. DM 36,–

Als wir vor vielen Jahren Untersuchungen über Isotopieeffekte des Wasserstoffs bei Autoxydationen in Anwesenheit von Inhibitionen durchführten, nannten wir die sich gegenseitig verstärkenden Effekte synergetische, eigentlich damals ein Synonym für ein (noch) nicht erklärbares Zusammenwirken unterschiedlicher Einflußgrößen. Dies ist der Begriff Synergismen im weiteren Sinne des Wortes, wie er noch heute verbreitet beispielsweise in der Pharmakologie anzutreffen ist. Die hier vorgestellte Synergetik – von ἡ συνεργία, das Zusammenwirken – muß in einem engeren Sinne verstanden werden als die Lehre vom geordneten, selbstorganisierten, kollektiven Verhalten, das eine Reihe von Gesetzmäßigkeiten zeigt.

Man horcht immer auf, wenn ein Autor von seinen Forschungen verspricht, daß von ihrem Gesichtspunkt und Gesichtskreis aus eine größere Zusammenschau recht unterschiedlicher Erscheinungen möglich ist. Uns ist es doch gelehrt worden, und wir sind es gewöhnt, daß mancher naturwissenschaftliche Zweig mit einer makellosen Einseitigkeit behandelt und beschrieben wird; gewiß eine der Ursachen, warum interdisziplinäre Forschung so schwerfällig anlaufen kann und betrieben wird. Seit mehr als einem Jahrzehnt werden vom Autor – Professor für Theoretische Physik der Universität Stuttgart – Forschungen vorangetrieben, die im besten Sinne disziplinär übergreifende Zusammenhänge aufzudecken gestatten: Supraleitung und Ferromagnetismen, Laserlicht und oszillierende chemische Reaktionen, Evolutionstheorie und Ökologie werden gleichsinnig behandelt, aber auch der Bereich der Gesellschaftswissenschaften und der Sprachen kann mit den neuentdeckten Prinzipien besser verstanden werden.

Das Buch setzt keinerlei Kenntnisse, gar mathematischer oder physikalischer Art voraus. Mit wenigen scharfen Strichen werden die einzelnen Phänomene skizzenhaft vorgestellt, wobei die vielen wohlausgewählten Bilder sehr unterstützend wirken. Daß man die Unordnung auf dem Schreibtisch eines Professors (S. 29) durch das ordnende Eingreifen einer Putzfrau erst vollends in Unordnung bringt, wird hier als Beschreibung zweier Zustände vorgestellt; ich habe mir immer das Bild der Auswirkung des 2. Hauptsatzes mit Erfolg zunutze gemacht, allerdings mit dem zeitlichen Verlauf einer schrittweise zunehmenden Unordnung. Im Abschnitt über Revolutionen in der Geschichte ist nur das einseitige Bild der „Phasenänderung" oder der lose Begriff des „Ordnungszustandes" in verschiedenen Staatsformen beansprucht worden: Ist aber nicht hier die Differenz, das Potentialgefälle der unterschiedlichen „Phasen" oder „Ordnungszustände" der entscheidende Faktor, der sich zeitlich entwickelt, antagonistisch wirkt und schließlich revolutionär entlädt? Hier scheinen anthropomorphe Übertragungen aus der Physik in die Soziologie nur bedingt geeignet zu sein, zumindest in der Kürze der dargestellten Argumentationskette.

Einfache und vereinfachende Darstellungen sind selten so einfach, wie es diejenigen zu glauben scheinen, die sie der Einfachheit halber so nennen. Hier wurde ein Beispiel gegeben, wie auch dem Nichtfachmann eine neue Forschungsrichtung verständlich gemacht werden kann. Der Autor betreibt mit Energie seit vielen Jahren Synergetik – er hat sie uns in einer leicht zugänglichen Form dargestellt.

H. Hübner

Electrical Double Layer
at a Metal-Dilute Electrolyte Solution Interface

G. A. Martynov, R. R. Salem. Berlin – Heidelberg – New York: Springer-Verlag 1983. VI, 170 S., 26 Abb., 15 Tab. (Lecture Notes in Chemistry No. 33) kart. DM 35,–

Elektrochemische Analysenmethoden beruhen bekanntlich ebenso wie die Prozesse bei der elektrochemischen Metallauflösung und -abscheidung auf Vorgängen an oder in der elektrischen Doppelschicht an der Phasengrenze des betreffenden Systems Metall/Elektrolytlösung. Der gegenwärtige Erkenntnisstand über die Beschaffenheit dieser Ladungsdoppelschicht in Abhängigkeit von der Art des jeweiligen Metalls und den Ionen sowie sonstigen Bestandteilen des Elektrolyten ist trotz etwa siebzigjähriger Forschungsarbeiten noch relativ gering. Für viele elektrochemische Verfahren der Praxis gilt daher im übertragenen Sinne ein Ausspruch von *Gustav Hertz*: Man kann virtuos Auto fahren, auch wenn man nicht im einzelnen weiß, warum das Auto funktioniert. Denkt man allerdings an die großen Anforderungen, vor denen die Elektrochemie steht, wie etwa der Schaffung neuer elektrochemischer Stromquellen, der Entwicklung wirksamer Maßnahmen des aktiven Korrosionsschutzes von Gebrauchsmetallen oder der Ausarbeitung von organischen Elektrosynthesen, dann kann man natürlich mit diesem Zustand nicht zufrieden sein. Als Basis für weitere Fortschritte auf diesem Gebiet der theoretischen Elektrochemie haben zwei sowjetische Experten alles bisher dazu Bekannte im vorliegenden Buch zusammengestellt. Sie wählten dabei eine Darstellungsweise, die für zukünftige Forschungsarbeiten sehr vorteilhaft erscheint. Unter Hervorhebung des Verallgemeinernden wurde die Originalliteratur, die zumeist Ergebnisse systemspezifischer Untersuchungen enthält, getrennt nach den Aspekten des ionischen und elektronischen Teils der Doppelschicht ausgewertet. Dem Kapitel zum ionischen Teil der Doppelschicht wurden die Gesetzmäßigkeiten der statistischen Mechanik vorangestellt, mit denen sich das Verhalten dieser Partikel in Elektrolyten gut beschreiben läßt. Für die Charakterisierung der Eigenschaften der Elektronen in Metallen wird hingegen eine entsprechende Einführung in die Quantenmechanik gegeben. Viele experimentelle Ergebnisse, insbesondere zur Adsorption geladener und ungeladener Spezies an Metalloberflächen, konnten mit Hilfe der Radiotracertechnik erhalten werden, wobei sicher längst noch nicht alle Möglichkeiten erschlossen sind. Anregungen zu derartigen Untersuchungen enthält das vorliegende Buch in großer Fülle.

G. Reinhard

Econometric Decision Models
Proceedings, Hagen, West Germany, June 19—20, 1981

J. Gruber (Ed.). Berlin — Heidelberg — New York — Tokyo: Springer-Verlag 1983. 364 S., zahlr. Abb. u. Tab. (Lecture Notes in Economics and Mathematical Systems, Vol. 208); kart. DM 57,—; $ 24.60

Das Buch enthält 19 Vorträge, die anläßlich der internationalen Konferenz "Econometric Decision Models" (Fernuniversität Hagen, BRD) gehalten wurden. Die Vorträge sind vom Herausgeber des Buches bzw. vom Veranstalter der Tagung in drei Themenkomplexe eingeteilt:

1. Bildung und Anwendung ökonometrischer Modelle,
2. Methoden der Bestimmung von Gewichten und Zielwerten bei skalarwertigen Optimierungen,
3. Methoden der vektoriellen Optimierung ökonometrischer Entscheidungsmodelle.

Die erste (größte) Gruppe von insgesamt 12 Vorträgen gibt in der Vielfalt der angesprochenen Modellierungsaspekte einen guten Überblick über den gegenwärtigen Stand, die Zielrichtungen und die praktische Anwendbarkeit ökonometrischer Modelle bei der Entscheidungsfindung im Hinblick auf eine praktisch verwertbare Bildung von Strategien. Das betrifft allerdings in diesem Buch ausschließlich kapitalistische Wirtschaftssysteme — wenn von einem einzigen Vortrag abgesehen wird —, wobei vorwiegend westdeutsche Modelle auf makroökonomischer (nationaler) Ebene besprochen werden. In einzelnen Vorträgen sind darüber hinaus auch Versuche zur Modellierung sozioökonomischer und sogar politsozioökonomischer Aspekte dargestellt, die allerdings naturgemäß mehr „akademischen Charakter" tragen und demgemäß von einer tragfähigen Anwendung noch weit entfernt sind.

In der zweiten Gruppe sind 3 Vorträge zusammengefaßt, die sich mit den Schwierigkeiten der Bestimmung von Wichtungen einzelner Zielvorstellungen befassen, wenn es darum geht, für die Optimierung eines Modells im Hinblick auf eine e i n z i g e (skalarwertige) Zielfunktion diese Funktion zu konstruieren und darin teils widersprüchliche Zielvorstellungen unterzubringen. Die Wichtungen können durch direkte „Befragung" des bzw. der Entscheidungsträger oder nachträglich aus einer bisherigen Strategie ermittelt werden. In jedem Fall müssen sie numerisch validisiert vorliegen, bevor überhaupt eine Optimierung begonnen werden kann. Dieses Vorgehen wird in der Technik kaum noch angewandt. Der Herausgeber des Buches weist darauf hin, daß auch bei ökonomischen Entscheidungsfindungen besser auf Methoden zurückgegriffen werden sollte, die in der dritten Vortragsgruppe (3 Vorträge) zusammengefaßt wurden.

Hier wird keine Zielfunktion bei der Optimierung vorausgesetzt; im Dialog zwischen dem „Entscheider" und dem Rechner kann der Entscheider entsprechend seinen subjektiven Präferenzen Schritt für Schritt aufgrund der vom Rechner angebotenen Informationen gleichzeitig verschiedenen Zielvorstellungen folgen und damit eine „vektoroptimale" Strategie finden. Leider gibt es bis heute nur wenige brauchbare Algorithmen, die den Entscheider wirklich entlasten.

Das Buch kann natürlich Ökonomen, aber auch allgemein an Problemen der Entscheidungsfindung interessierten Lesern technischer und psychologischer Disziplinen empfohlen werden.

R. Straubel

Einführung in die lineare und nichtlineare Optimierung für Ingenieure

W. Krabs. Leipzig: BSB B. G. Teubner Verlagsgesellschaft 1983. 232 S., 25 Abb.; gebunden DDR M 28,—; Ausland M 32,—

Das Buch basiert auf Vorlesungen zu „klassischen" (statischen) Optimierungsverfahren und besteht aus 5 Kapiteln: Einführung in die lineare Optimierung; Nichtlineare Optimierung ohne, mit linearen und mit nichtlinearen Nebenbedingungen; Anwendungsbeispiele aus der chemischen Verfahrenstechnik. Unter Voraussetzung von Grundkenntnissen der linearen Algebra und der Analysis werden dem Leser in mathematisch strenger Form die Grundkonzepte nur der „klassischen" Optimierungsverfahren einschließlich der meisten Beweise geboten, wobei alle Computer-Implementierungsfragen und Konvergenzabschätzungen vom Autor bewußt vernachlässigt wurden. Insofern vermittelt das Buch dem mathematisch geschulten Leser nur ein allgemeines Verständnis der dargestellten Verfahren, von denen allerdings die meisten in irgendeiner Form in jeder Programmbibliothek eines Rechenzentrums tatsächlich bereits vorhanden sind. Ob eine solche Darstellung dem „ingenieurmäßigen" Denken überhaupt gerecht werden kann, erscheint fraglich. Das Buch stellt aber im eigentlichen Sinne eines Lehrbuches auch keine Einführung dar, da dem Leser verschwiegen wird, daß es über die dargestellten Verfahren hinaus inzwischen moderne — wesentlich robustere — Lösungsmethoden der Optimierung gibt, die gerade dem Ingenieur Mittel in die Hand geben, bei denen die vorherige Klassifizierung der Problemklasse entfällt, wie das bei allen in dem Buch dargestellten Verfahren notwendig ist, noch dazu, wo bei vielen gegenwärtig aktuellen komplexen „Ingenieurproblemen" eine solche Klassifizierung länger dauern würde, als die Optimierung selbst. Gerade bei dem umfassend formulierten Titel des Buches muß zumindest ein Hinweis auf moderne Verfahren zur Lösung „nichtakademischer" komplexer Optimierungsprobleme erwartet werden. Das Literaturverzeichnis enthält im wesentlichen Standardwerke der Optimierung aus den 60er und 70er Jahren und endet 1980.

R. Straubel

Gefahr für unser Klima
Wege aus der CO_2-Bedrohung
durch sinnvollen Energieeinsatz

W. Bach. Karlsruhe: Verlag C. F. Müller 1982. 318 S., 56 Abb., 33 Tab.; kart. DM 38,—

Hinter diesem Buchtitel verbirgt sich mehr, als es zunächst den Anschein hat. So erwartet man zwar eine mehr oder weniger ausführliche Darstellung des berühmt-berüchtigten CO_2-Problems in der Art, daß der Treibhauseffekt des Kohlendioxids und die sich daraus ableitende Erwärmung unseres Planeten beschrieben werden; aber eine solche Darstellung würde kaum die Hälfte des Buches in Anspruch nehmen. Worum geht es dann in der anderen Hälfte? Die Beantwortung dieser Frage zeigt gerade den Wert dieses Buches. Der Autor — ein renommierter Klimatologe — hat den sehr schwierigen und deshalb um so seltener oder noch gar nicht begangenen Weg gewählt, das CO_2-Problem in seinen Ursachen, seinen Folgen und den möglichen Maßnahmen zu seiner Vermeidung darzustellen. Uns begegnen doch viele Arbeiten in der Literatur, die immer nur einen besonderen Aspekt dieses Problems zum Inhalt haben, ganz abgesehen davon, daß sich bei ungenauen Vorgaben und Annahmen sehr unterschiedliche Konsequenzen ergeben können.

Das Buch ist, neben einer kurzen Einführung, in 6 große Kapitel unterteilt: Klima/Klimaänderungen (14 S.), gesellschaftliche Aspekte des CO_2-Problems (21 S.), anthropogene Klimafaktoren (73 S.), Auswirkungen der Klimaänderungen auf die Gesellschaft (39 S.), Vorsorgemaßnahmen zur Vermeidung des CO_2-Problems (54 S.) und schließlich die Zukunfts-Chancen des Problems, die auf 20 S. wiedergegeben werden. Dazu wird ein Glossar und ein 16seitiger Anhang gebracht, wo noch weitere notwendige Erläuterungen und knappe Definitionen bzw. einige Details zu den Modellrechnungen und ihre Grundlagen zu finden sind. Wenn auch die Isotopenmethoden in der modernen Klimaforschung etwas knapp gehalten sind, so sind sie doch bei den indirekten Analysenmethoden zum Nachweis der Entwicklung und Veränderung des CO_2-Gehaltes in der Atmosphäre aufgeführt, wie sie sich in den Baumjahresringen, Eisbohrkernen, Sedimenten und Torfen abzeichnen. Es hätte deutlicher zum Ausdruck gebracht werden sollen, daß die Isotopenbilanzgleichungen ein unabhängiges Massenbilanzgleichungssystem liefern, das lediglich bei Phasenübergängen und (bio-)chemischen Reaktionen durch Isotopieeffekte behaftet ist, das zu Verschiebungen in der isotopen Zusammensetzung führt, die in bezug auf einen Standardwert ausgedrückt werden (δ-Werte in ‰).

In einem ausführlichen Literaturverzeichnis sind insgesamt 717 Zitate enthalten, wobei allein 216 Zitate aus dem Jahre 1980 und 130 Zitate aus dem Jahre 1981 stammen — eine faszinierende Aktualität und ein untrügliches Zeichen dafür, wie ein Autor „im Stoff steht", hier in der laufenden wissenschaftlichen Literatur, die er ja zu diesem Thema selbst maßgebend mitbestimmt. Im übrigen sind 87,9% aller Zitate aus den Jahren 1976—1982; aber es fehlen die wichtigen Arbeiten aus dem vergangenen Jahrhundert (*Arrhenius, Tyndall, Tolman*) nicht.

Der Vorzug dieses Buches — im echten Sinne ein Sachbuch — ist es, daß man es nicht aus der Hand zu legen braucht, um in anderen Nachschlagewerken und Literaturquellen erst nachzulesen, was dieser oder jener Ausdruck, diese oder jene Schlußfolgerung bedeuten. Es ist eigentlich alles in diesem Buch enthalten, was zu diesem vieldiskutierten Thema zu sagen wäre. Wenn manchen Stellen ein beschwörender Ton anhaftet, dann wohl nur aus der Sorge des Autors, daß es, wenn auch noch nicht zu spät, so doch hohe Zeit zum Handeln ist, um unseren Planeten nicht einer Erwärmung auszusetzen, die verheerende Folgen hätte: für Mensch und Tier, für Landschaft und Leben, für unsere Kinder und Kindeskinder; denn sie sind irreversibel.

H. Hübner

Sedimentationsräume und Lebensbereiche der Erdgeschichte Eine Einführung in die Paläoökologie

J.-C. Gall. Berlin — Heidelberg — New York: Springer-Verlag 1983. Aus dem Französ. von E. u. H. Schneider. 242 S., 130 Abb.; geheftet DM 60,—

Dies ist die deutsche Übersetzung des von Professor *Gall* 1976 veröffentlichten Buches. Die paläoökologische Forschung ist ähnlich wie die ökologische Umweltforschung im letzten Jahrzehnt innerhalb der Geowissenschaften deutlich forciert, so daß es notwendig erschien, eine Zusammenfassung der Erkenntnisse für den Wissenschaftler, den Lehrer, den Studenten vorzulegen. Die Anlage des Buches unterstützt dieses Anliegen in der Weise, daß es zunächst die Fossilien und das Sediment als Informationsquellen behandelt; und es ist ja in der Tat erstaunlich, wie viele Informationen zur Lebensweise, zu den Lebensbedingungen, der biologischen Aktivität, dem Sedimentationsraum u. ä. eine „Fossillagerstätte" enthält. Im zweiten Teil werden dann Landschaftsbilder der Erdgeschichte rekonstruiert, und zwar anhand der präkambrischen Ediacara-Fauna Australiens, dann das devonische Old-Red-Festland, das karbonische Kohlenbecken von Decazeville in Frankreich, das Buntsandstein-Delta in Ostfrankreich, die Triasriffe der kalkalpinen Hohen Göll, das Lias-Meer der bituminösen Schiefer von Holzmaden, die oberjurassische Lagune von Solnhofen mit ihren berühmten Fossilfunden (Archaeopteryx-Urvogel u. a.), die Küste des obereozänen Tertiärmeeres in der Umgebung von Paris, sowie schließlich die Höhle der Acheuléen-Jäger des Lazaret aus dem Grenzbereich Riß-/Würmeiszeit. Im Anhang finden sich ein „Leitfaden für die paläoökologischen Untersuchungen von Fossillagerstätten" und zusammenfassende Tabellen zur Salinität, Bathymetrie, Wasserbewegung, Temperatur, zu Substrat und Sedimentationsraten, zur Stratigraphie sowie ein Sachverzeichnis.

Diese reich illustrierte „Einführung in die Paläoökologie" ist empfehlenswert, wenn auch die klassischen geowissenschaftlichen Methoden fast ausschließlich Untersuchungsmittel sind, moderne Methoden beispielsweise der Isotopenforschung für Paläotemperaturbestimmungen allenfalls kurz erwähnt werden, die physiko-chemischen Grundlagen, die ja in der paläoökologischen Forschung ihren Platz haben nicht berücksichtigt sind.

Eine ganze Reihe von Fehlern/Druckfehlern wären in einer Neuauflage auszumerzen: So gehört Estheria, jüngeres Synonym von Cyzicus, nicht zu den Muschelkrebsen (Ostracoda), sondern zu den Conchostracen; die Massenzahl wird bei Isotopen hoch und vorangestellt und es handelt sich um das $^{18}O/^{16}O$-Isotopenverhältnis! (Vgl. S. 36 bzw. Abb. 27 S. 237, 239).

H. Jordan

Die Grundlagen der Atomtheorie — Die Grundlagen der Molekulartheorie

J. Dalton, W. H. Wollaston, A. Avogadro, A. M. Ampère (Hrsg.: W. Ostwald) Leipzig: Akad. Verlagsges. Geest & Portig 1983. 88 S., einige Abb., 2 Tab. (Ostwalds Klassiker-Reprints Bd. 3/8); kart. M 12,50

Zwei der ersten Heftchen (Nr. 3 und Nr. 8), die *Wilhelm Ostwald* ab 1889 in seiner „Klassiker-Reihe" herausgab, waren den Begründern der Atom- und Molekulartheorie gewidmet. Sie sind in der vorliegenden Ausgabe in einem Reprintband vereinigt. Es handelt sich zunächst um den Vortrag *John Daltons* vom Jahre 1803 (mit den allerersten Atomgewichten), 2 Abschnitte aus *Daltons* Hauptwerk „A new System of Chemical Philosophy" (1808–1827), in dem u. a. erstmalig Symbole für die einzelnen Atome benutzt wurden, sowie einen Vortrag *William Hyde Wollastons* aus dem Jahre 1808. Der zweite Teil enthält die Abhandlung *Amadeo Avogadros* über seine bekannte Hypothese und einen Brief *Andrè Marie Ampères* an Graf *Berthollet*, beide 1811. (Alle Artikel in deutscher Übersetzung)

Die Grundlegung der Atom- und Molekulartheorie durch die Lektüre der abgedruckten Texte sozusagen in *statu nascendi* nachzuerleben ist interessant. Dies bezieht sich auf die Art der Darstellung, auf die Vermittlung wenig bekannter Fakten und auf das Nebeneinander von Bahnbrechendem und Irrelevantem ebenso wie auf das Schicksal der Ideen. So z.B. ist der Leser angesichts des damals kargen empirischen Materials von der Kühnheit *Daltons* beeindruckt, andererseits von den so zahlreichen Fehlern in dessen Tabelle überrascht. Er erfährt, daß *Wollaston* das Gesetz der multiplen Proportionen mitentdeckt und sich „schon an der Wiege der Atomtheorie" Gedanken über die räumliche Anordnung der Atome gemacht hatte, daß *Ampére* zu den gleichen erst Jahrzehnte später so bedeutsam gewordenen Folgerungen wie *Avogadro* gekommen war u. v. a. m. Die Artikel sind unterschiedlich in ihrer Lesbarkeit und Breite. *Ostwald* hat sie alle mit ausführlichen Anmerkungen versehen, die sich als sehr hilfreich erweisen.

K.-P. Dostal

Die Anfänge des natürlichen Systems der chemischen Elemente

J. W. Döbereiner, M. Pettenkofer (Hrsg.: L. Meyer). Leipzig: Akad. Verlagsges. Geest & Portig 1983. 34 S., einige Tab. (Ostwalds Klassiker-Reprint Bd. 66); kart. M 6,–

Das Bändchen enthält *Johann Wolfgang Döbereiners* „Versuch einer Gruppierung der elementaren Stoffe nach ihrer Analogie" (1829) und eine Publikation aus dem Jahre 1858, in der *Max Pettenkofer* (aus Prioritätserwägungen gegenüber *Dumas*) im wesentlichen seinen eigenen Vortrag „Über die regelmäßigen Abstände der Äquivalentzahlen der sogenannten einfachen Radikale" vom Jahre 1850 wörtlich zitiert. Beide Arbeiten sind von *Lothar Meyer* sorgfältig kommentiert und mit einem Nachwort „Die weitere Entwicklung der von Döbereiner und Pettenkofer erstrebten Systematik" versehen.

Während der Artikel *Döbereiners* eine Vertiefung seiner Triadenlehre von 1817 darstellt, macht *Pettenkofer* vor allem darauf aufmerksam, daß es Familien aus mehr als drei Elementen gibt und daß die innerhalb einer Familie gebildeten Atomgewichtsdifferenzen für verschiedene Familien gleich sind. In welcher Weise sich diese wichtigen Gedanken in die Geschichte des Periodensystems einfügen, verdeutlicht die sehr lesenswerte historische Ergänzung. *Meyer* erläutert die im Jahrzehnt nach 1850 verstärkten Systematisierungsbemühungen und weist insbes. darauf hin, daß das Periodensystem der chemischen Elemente bereits damals hätte entdeckt werden können, wären nur die richtigen Atomgewichte benutzt worden. Nicht zuletzt dieses Nachworts wegen stellt das Bändchen eine zur Geschichte des Periodensystems unentbehrliche Quelle dar.

K.-P. Dostal

Das natürliche System der chemischen Elemente

L. Meyer, D. Mendelejew (Hrsg.: K. Seubert). Leipzig: Akad. Verlagsges. Geest & Portig 1983. 136 S., zahlreiche Tab. (Ostwalds Klassiker-Reprint Bd. 68); kart. M 19,–

Diese Sammlung der wichtigsten Arbeiten *Lothar Meyers* und *Dmitri Mendelejews* zum Periodensystem wurde im Jahre 1895 von *Karl Seubert*, dem Nachfolger *L. Meyers* in Tübingen, herausgegeben und kommentiert. Zunächst sind einige Passagen aus *Meyers* Lehrbuch „Die modernen Theorien der Chemie . . ." (1864) abgedruckt. Das darin enthaltene erste Elementsystem *Meyers* bringt die Hauptgruppenelemente (außer den dreiwertigen) in der richtigen Anordnung, die Nebengruppenelemente sind jedoch gesondert aufgeführt. Man erkennt, daß *Meyer* schon 1864 das spätere Germanium mit einem Atomgewicht von 73 vermutete. Mit der Wiedergabe des ersten „vollständigen" Periodensystems *Meyers* vom Jahre 1868, das bis zum Erstdruck dieses Bandes nur handschriftlich existierte und 52 Elemente in mittelperiodiger Anordnung enthielt, hatte *Seubert* einen wichtigen Beitrag zur Entdeckungsgeschichte des Systems geliefert. Es folgt der Artikel *Meyers* aus Liebigs Annalen (1870), in dem er seine Entdeckung des Periodensystems mitteilte. Den überwiegenden Teil des Bandes (mehr als 100 Seiten) nehmen die beiden bahnbrechenden Arbeiten *Mendelejews* ein (in deutscher Übersetzung). Bereits die erste Veröffentlichung aus dem Jahre 1869 enthielt alle wesentlichen Gedanken einschließlich der weitreichenden Folgerungen. Auch die deutsche Kurzfassung dieser Arbeit (Ztschr. f. Chemie 1869), die *Meyer* zum Publizieren seiner eigenen Gedanken veranlaßt hatte, ist abgedruckt. In der sehr ausführlichen Abhandlung von 1871 sagte *Mendelejew* u. a. die Entdeckung der Elemente Gallium, Germanium und Skandium voraus und beschrieb deren Eigenschaften.

Im Anhang geht Seubert auch auf die Verdienste der beiden Mitentdecker *A. E. Béguyer de Chancourtois* und *J. Newlands* ein und gibt deren Tabellen wieder. Es fehlt allerdings eine Würdigung *William Odlings* und des damals in Europa unbekannten *G. D. Hinrichs*, die ebenfalls die Periodizität der chemischen Elemente entdeckt hatten (vgl. hierzu etwa diese Zeitschr. **16** (1980) 345 oder *J. W. van Spronsen*, NTM **6** (1969) 1, 13). Dessenungeachtet ist *Seubert* darin zuzustimmen, daß *Mendelejew* und *Meyer* den wichtigsten Anteil an der Entdeckung des Periodensystems haben. Insofern bedarf der Nachdruck dieser Texte keinerlei Begründung. Ihre Vereinigung in einem Band erleichtert es dem Leser, die Beiträge beider Forscher zum Periodensystem zu vergleichen.

K.-P. Dostal

ISOTOPENPRAXIS

Volume 20 1984 Number 6

Contents

Articles

Letters to the Editor

Inhalt

Originalarbeiten

Kurze Originalmitteilungen

Isotopenpraxis is indexed in Current Contents/PC&ES, Science Citation Index, and INIS Atomindex

FSC
www.fsc.org
MIX
Papier | Fördert gute Waldnutzung
FSC® C083411

Zeitfracht Medien GmbH
Ferdinand-Jühlke-Straße 7
99095 Erfurt, Deutschland
produktsicherheit@kolibri360.de